日産自動車極秘ファイル2300枚

「絶対的権力者」と戦ったある課長の死闘7年間

川勝宣昭

構成 勝見 明

プレジデント社

日産自動車　極秘ファイル２３００枚

「絶対的権力者」と戦ったある課長の死闘7年間

一燈を提げて暗夜を行く
暗夜を憂うること勿れ
只だ一燈を頼め

――佐藤一斎

日産自動車 極秘ファイル2300枚

目次

はじめに

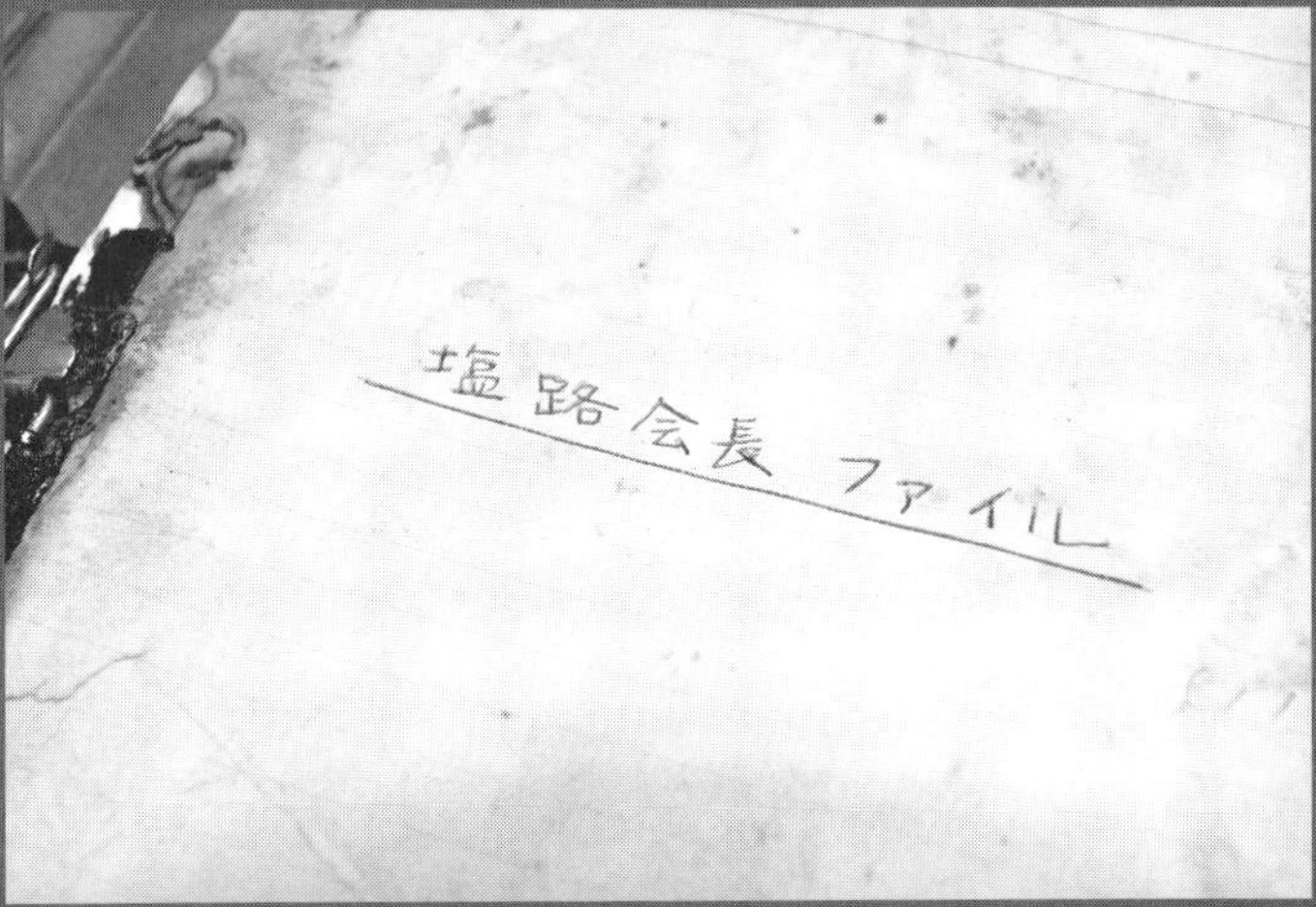

はじめに

あなたの所属する企業や組織で、道義に反することが行われていた、あるいは、「これはおかしい」と思うことが横行していたら、あなたはどんな行動をとるだろうか。

わたしの場合、それはトヨタ自動車と並ぶ、日本を代表する自動車メーカー、日産自動車でのことだった。

しょせん、何をやっても変わらないと、われ関せずで傍観している道もあった。家のローンもあるし、子どもの教育費もかかる。波風を立てずに、そのまま働いていれば、一定以上の生活は保障される。

しかし、わたしはそれができなかった。

一課長の身で、身のほど知らずにも、立ち上がり、七年間戦い抜き、そして、勝った。

本書は、日産の表の歴史には出てこない、そして、一般にも語られることのなかった隠された戦いの記録の全貌である。

極秘ファイル二三〇〇枚

その秘密のファイルはキャリーケースいっぱいに詰められ、家の軒下で眠っていた。

ファスナーを開け、ファイルをとり出す。湿気のせいか、紙の資料は全面が緑っぽいカビで覆われ、金属クリップは赤茶に錆びて、サビが紙に染み込んでいた。

天日で乾かし、丹念にカビをとり除く。三〇年以上前の記憶が鮮明に蘇ってきた。それは忘れようにも忘れるはずがない。戦いは命がけだったからだ。

当時、四〇歳前後で、日産自動車広報室の課長職にあったわたしは、仲間の課長たちとともに、日産に君臨する「塩路天皇」と呼ばれた労組の首領《ドン》と熾烈な戦いを続けていた。

その名を塩路一郎といった。日産を中心に系列部品メーカー、販売会社の労働組合を束ねた大組織である日本自動車産業労働組合連合会（自動車労連）の会長の職にあった。

相手は日産圏の二三万人の組合員の頂点に立ち、生産現場を牛耳《ぎゅうじ》って、本来なら会社側がもつはずの人事権、管理権を簒奪《さんだつ》＊し、経営にも介入する絶対的な権力者だった。政界とも太いパイプをもっていた。

その権力者に戦いを挑むのは、蟻の一群が巨象を倒そうとするようなもので、常識ではとうてい勝ち目はなかった。

労組に逆らうととんでもないことになり、会社を追放される。だから、長いものには巻かれろ。心のなかでは「おかしい」と感じても、多くの社員がそう思い、押し黙っていた。

しかし、本当にそれでいいのか。おかしいことはおかしいといいたい。間違っていることは間違ったこととして正したい。われわれの戦いは、企業社会のなかにあっても、人間としていかに生きるの

＊簒奪……本来はその立場にないものが政治的な圧力により実権を奪いとること。

かという「生き方」を問う戦いでもあった。

相手方の牙城は難攻不落を思わせたが、ゲリラ戦を仕かけてゆさぶり、次いで組織戦を展開した。その時点では、当初のたった一人の戦いから七名の同志による秘密組織の活動となり、われわれは昼は普通のサラリーマンとして仕事をし、夜はアジトを転々と変えながら、作戦の立案や修正にあてるという二重生活を続けた。土日は九州など遠方の工場でのオルグ（組織拡大に向けた勧誘行動）に費やされた。

そして、七年におよぶ長い戦いの末、勝利した。最後は良識に目覚めた社員たちの力によって、日産は普通の会社としての健全な姿をとり戻した。

緑色のカビで覆われた二三〇〇枚におよぶ膨大な資料は、その七年間、二五〇〇日、わたしや仲間たちが極秘で日々記録し続けた戦いの軌跡だ。メモ帳に書きなぐったものもあれば、わたしが下書きし、学生時代に書道部に所属していた妻が清書した資料もある。

最初、戦いに反対した妻も、途中から赤子を負ぶいながら協力してくれた。わたしには常に尾行がついていたし、自宅に相手方から脅迫電話がかかってきた仲間もいた。家族を巻き込んだ戦いでもあった。

ゴーン着任・ゴーン革命・ゴーン逮捕

激戦が終わり、塩路一郎が去って一三年がたった一九九九（平成一一）年、日産はルノーと資本提携を結び、その支援のもとで再生を期すことになった。その時点で、ともに戦った同志の多くはすでに日産を去っていた。

カルロス・ゴーンが日産の新しい主人として着任する。発した言葉は、次のようなものだった。

「どれだけの犠牲が必要か、痛いほどわかっている。わたしはルノーのためではなく、日産のために来た」

その言葉どおり、東京の村山工場など三工場の閉鎖、遊休不動産の売却、二万人以上のリストラ、系列部品メーカーの半減……等々の施策が矢継ぎ早に打ち出された。この再建策は「日産リバイバル・プラン」と名づけられた。

このリバイバル・プランは、もし、塩路一郎が健在であったならば、労組の猛反発を招き、ストライキに発展してもおかしくないほど苛烈なものだった。しかし、労組はもう牙をむかなかった。

関係者の話によると、当時の労組トップはゴーンに対して、こう伝えたといわれる。「労組はゴーン社長の大手術を受け入れて協力する。ただし、その大手術は一回だけにしてもらいたい」と。

もし、われわれのあの戦いがなかったら、異常な労使関係が温存されたまま、労組は経営への強力なカウンターパートとして立ちはだかり、ゴーン革命なるものは起こらなかったかもしれない。

われわれと一緒に戦い、後に副社長になった人物から、あるときしみじみといわれた言葉がある。

「昔の労使関係だったら、リバイバル・プランの一つひとつについて、労組の承認を得なければならなかったことを、ゴーンは知っているだろうか。ゴーンがいちばん感謝しなければならない相手は、本当は君たちだよ」と。

われわれの戦いの成果は、いうなれば、日産自動車を核とする一大企業グループの労組に二〇年以上も君臨してきた絶対的権力者による独裁体制を倒し、日産という荒れ果てた土地を整地したことにあった。

しかし、戦いのあと、久米・辻・塙と三代続いた経営者たちは、うまく経営の舵取りができず、業績は低迷した。莫大な借金を抱えた日産は、ルノーからの六四三〇億円の資金注入の支援を得て、再生を図った。そして短期間のうちに再建は成功した。

ゴーンはV字回復をなし遂げた英雄となり、世界中から賞賛を浴びた。われわれが苦労して整地した土地の上に、立派な建物が建った。

しかし、一九年におよぶ統治のあいだに、「日産のために来た」はずのゴーンが今度は新たな絶対的権力者となり、自ら再建した会社から収奪を始めた。その不正が発覚して日産を去ることになり、同じ歴史が繰り返された。

墓場までもっていくつもりだった

「戦いの記録を本にしませんか」

プレジデント社の書籍編集部長兼書籍販売部長の桂木栄一氏から、そんな声をかけられたのは、一年前のことだった。

わたしは五五歳で日産を離れたあと、日本電産に移り、買収した赤字会社の再建に全力を投入した。その企業再建をとおして、日本電産の創業者であり、カリスマ経営者の永守重信社長（当時、現・会長）にたたき込まれた永守流の経営の要諦をまとめ、二〇一六（平成二八）年一一月、『日本電産永守重信社長からのファクス42枚』と題して上梓した。そのときの担当がベストセラー編集者である桂木氏だった。

われわれの戦いは、相手方に察知されないよう、徹底して秘密裏に進められた。同志たちと秘密組織を結成し、ゲリラ戦を展開して相手側を内部から切り崩すとともに、〝影のキャビネット（内閣）〟として会社の表組織を動かし、真正面からの正規戦へともち込んだ。

秘密組織の戦いであるがゆえに、当然、日産の公式な歴史には登場しない。だから、その記録は公表せず、墓場までもっていくつもりでいた。キャリーケースを軒下に放置しておいたのもそのためだ。

「特に大きな力をもつわけでもない課長たちが、難攻不落といわれた権力組織を倒すプロセスは、いまなお、不正や不透明な経営による企業不祥事があとを絶たない現状において、社員でも戦えることを示し、いかに戦えばいいかを発信することは、意味があると思うのです」

桂木氏に熱心に説得された。半年間、考え続け、昔の同志たちとも相談した。

「やろうよ」

かつて戦いに向け、仲間たちに声をかけたときと同じ答えだった。

実録版『半沢直樹』

義憤――。それがすべての始まりだった。徒手空拳の社員たちであっても、怒りという感情の力は、ときとして組織を動かす原動力となる。

数年前、池井戸潤氏による小説『半沢直樹シリーズ』（文藝春秋）がテレビドラマ化され、一大ブームとなった。課長の半沢直樹をはじめ、同じ義憤で結ばれた同志たちが、権力組織と戦う姿は視聴者の共感を呼んだ。

本書は実録版の『半沢直樹』ともいえるかもしれない。

川又克二、石原俊、久米豊、塙義一といった日本の産業史に名を刻む経営者も、その発言とともに実名で登場する。カルロス・ゴーンも、「鉄の女」と呼ばれたイギリスのマーガレット・サッチャー元首相も重要な登場人物だ。中曽根康弘元首相も登場人物に名を連ねる。現実であるがゆえに、リアリティは小説をはるかにしのぐかもしれない。

一読して、昭和の時代、日産という日本を代表する自動車会社に、向こう見ずにも、バカな戦いを挑む男たちがいたことを、記憶の隅にとどめていただければ、本望だ。

そして、何かのときに、この本が読者の力になることを願ってやまない。

ともに戦った同志を代表して　元日産社員　川勝宣昭

＊なお、本書に登場する人物の呼称は、基本的には肩書きや敬称などをつけたが、中心人物である塩路一郎自動車労連会長については、「塩路会長」「塩路氏」など、いろいろ検討した結果、七年もの間、わたしと物心両面で対峙し続けた一人の人間像として、あえて肩書きや敬称をつけず、そのまま、固有名詞の「塩路一郎」とした。

第1章
日産を蝕む「エイリアン」を倒す

1　辻堂海岸での妻の涙の懇願

秘密裏の戦い

「あなた、聞いてほしい話があるの。車を降りて海岸まで一緒に来て」

ある休日の昼さがり、妻の育子から、ふと思い立ったかのようにそう切り出された。

四〇年近く前、一九八〇（昭和五五）年の初秋のことだが、いまでもその日のことは脳裏に焼きついて離れない。

当時、わたしは日産自動車（以下、日産）の広報室に勤務し、神奈川県藤沢市の自宅から、東海道線に乗り、銀座の本社まで通っていた。前の年に、諸官庁や政府・自民党との窓口となる渉外課の課長に三七歳で昇進していた。

その日は、夫婦で所用があって車で出かけた帰りで、妻から話があるといわれたのは、ちょうど辻堂海岸に差しかかったときだった。車をすぐ近くの辻堂海浜公園の駐車場に止めて降り、先を行く妻のあとについて歩いた。

相模湾沿いに走る国道一三四号をまたぐ歩道橋を渡り、防砂林を抜けると砂浜だ。海水浴客でごった返す真夏の賑わいがうそのように、浜辺には人影はなく、ザーザーと寄せては返す波の音だけが聞こえていた。

辻堂には、海岸と目と鼻の先に日産の社宅があり、わたしたち夫婦も以前、そこに住んでいたころは、生まれたばかりの長男を連れて、夫婦で砂浜を散歩した思い出が残る。

「話がある」といいながら、妻はなかなかいい出せないのか、わたしの横で押し黙ったまま、うつむいて歩いている。ザクッ、ザクッ、砂を踏む音だけが耳に響く。

ひょっとして離婚を切り出されるのではないか。そんな思いが脳裏をよぎった。離婚をいい出されても仕方がないほど、家庭を顧みる余裕のない生活がもう半年以上も続いていた。

「なんだよ、話って」

わたしが立ち止まって促すと、妻は堰《せき》を切ったように話し出した。

「お父さん、もう、塩路さんを倒すなんて、そんな危ないことはやめてください」

妻は、そのことで苦しんでいたのか。

「日産で、塩路さんに逆らったら、どうなるか、いちばん知っているのはあなたでしょ。会社にいられなくなるだけではすまないというじゃないですか。うちはまだ子どもも小さいし……」

横顔をのぞき込むと、妻の両目に涙があふれていた。わたしは胸がしめつけられる思いがした。

家では六歳になる長男と、三歳になる次男が帰りを待っている。家も五年前に新築したばかりで、ローンの返済が長く続く。日産にいるかぎり、生活は保障される。

その日産から〝追放〟され、生活を失うおそれのある活動を、わたしは同志とともに秘密裏に続けていたのだ。

日産の異常な労使関係

塩路一郎。当時、五三歳。

日本自動車産業労働組合連合会（以下、自動車労連　現・日産労連）の会長として、日産自動車を中心に関連会社を含めた、いわゆる〝日産圏〟で働く二三万人の組合員の頂点に君臨する労組の首領《ドン》だ。

日産の生産現場を牛耳り、人事権や管理権を実質的に手中に収め、経営陣でさえ、容易に抗えないほどの絶対的な権力を長期にわたってほしいままにしてきた。

現場の人事権や管理権は本来、経営側にあるのに、労組側に奪われて、経営側は口出しできない。さらに、現場の人事権を介して、労組が経営にも介入するという異常な労使関係が長く続いていた。

それでも日産は、高度成長期にはモータリゼーションの波に乗り、内部矛盾が表面化することなく、成長を続けることができた。それが、オイルショックを経て、日本も安定成長期に入り、これからは自動車メーカーも真の経営力が問われる時代になっていた。

ところが日産の場合、二重権力構造という異常な労使関係が続いたため、経営基盤ができていなかった。異常であることはわかっていても、長いものには巻かれろの日和見《ひよりみ》主義が蔓延した経営風土が組織の隅々まで染み込んでいた。

二重権力下で歪んだ脆弱な経営体質は、生産や販売にも影響をおよぼした。そのため、トヨタ生産方式をはじめとする独自の経営モデルをもち、経営基盤を確固たるものにしたトヨタ自動車（以下、トヨタ）とは、国内シェアで差が開きつつあった。

このままいけば、日産が凋落する日も遠くないことは明らかで、それを食い止めるには、歪んだ労使関係の元凶である塩路一郎自動車労連会長を辞任に追い込み、日産から追放する以外に手は考えられなかった。

塩路一郎は、トヨタをはじめとする日本の自動車会社の労組を網羅し、六五万人の組合員を擁する自動車総連の会長でもあった。日産圏の集票力を背景に、労組丸抱え選挙で何人もの代議士を当選させ、政界にも隠然たる力を誇っていた。

塩路一郎（1927〜2013）。自動車労連の会長として絶対的権力を誇った。

特にこの二年後に内閣総理大臣に就任する中曽根康弘氏とは、太いパイプをもっていた。一九七五（昭和五〇）年の東京都知事選挙では、石原慎太郎候補の参謀四人衆の一人（ほかは劇団四季創設者の浅利慶太氏、ウシオ電機創立者の牛尾治朗氏、政治評論家の飯島清氏）として選挙運動を指揮した。

日本の労働組合のナショナルセンターの一つで

ある同盟（全日本労働総同盟）の副会長であり、国際自由労連（ＩＣＦＴＵ＝労働組合の世界組織）の副会長なども兼ね、マスコミでは「国際労働運動家」などともてはやされていた。

その超大物の塩路一郎をまったく無名の一介の課長たちが倒そうとしているのだ。それは、無謀をはるかにとおりこしていた。

塩路一郎に逆らうと日産にはいられない

打倒塩路の活動が、塩路側に露見した場合、どうなるかを妻は知っていた。数年間、社宅生活を続けていたので、奥さん同士の井戸端会議を通じて、組合がいかにこわい存在であるかは皮膚感覚ですり込まれていた。

妻が辻堂駅からタクシーに乗り、行き先を「日産社宅」と告げると、運転手に「奥さん、日産っていうのは、なんか、組合に逆らったら出世なんかできないらしいね」と話しかけられるほど、社外にも噂は広まっていた。

われわれが活動を始めてほどなく、「フクロウ部隊」という秘密組織があることを知った。この部隊は、日産の中核工場である横浜のエンジン工場の組合専従および非専従のメンバー十数名で構成されていた。塩路一郎の意向を受けて手足となって動き、〝ダーティ〟な行為もいとわない裏部隊だった。

われわれの打倒塩路を目的とした課長組織は、徹底して極秘で活動していたため、まだ相手側には露見していなかったが、わたし自身は日ごろから、塩路独裁体制下の異常な労使関係に批判的な言動をとっていたため、〝不良課長〟として組合には知られており、すでにフクロウ部隊には目をつけられていた。

わたしは外出時には、フクロウ部隊による尾行を常に警戒した。訪問先がわかってしまうからだ。たとえば、駅で尾行らしき人間がいたら、階段を急いで下りて物陰に隠れ、様子を伺う。すると、その人間もかけ下りてキョロキョロしているから、それとすぐわかった。電車内で尾行に気づいたら、停車したホームに発車寸前に飛び降り、間髪を容れず反対側ホームの電車に飛び乗ってまいたりもした。

妻と一緒に車で出かけるときも、助手席に座る妻に、後方に尾行する車がいないか、確かめさせることもしばしばあった。

フクロウ部隊は電話の盗聴も行う。わたしの自宅の電話も盗聴されているのではないかと思い、電話会社に頼んで調べてもらったこともあった。

組織操縦、組織防衛の天才であった塩路一郎は、要注意人物の動向は常にチェックしており、この裏部隊以外にも、わたしの周囲にもほぼ特定できる二名の情報連絡員（スパイ）が配置されていた。

また、塩路一郎による労組支配はすでに二〇年におよんでいたため、管理職層のなかにも塩路シンパが斑点のように存在し、かなりの数に上っていた。

したがって、わたしは秘密組織をつくってからは、いっそう、言動や行動に注意しなければならなかった。

われわれと同じ課長層に活動を広めるためのオルグには、特に神経を使わねばならなかった。あるとき、わたしは人望も影響力もある課長を訪ね、自分の所信を述べてオルグを試みたが、わたしが帰ったあと、その課長は上司の部長に呼ばれ、「川勝のような要注意人物と今後口を利いちゃまずいぞ」と注意を受けたという。その部長が隠れ塩路派だということを、わたしは知らなかったのだ。

仕事でも、私生活でも、息が抜けない。しかも、活動のために、朝は早く出かけ、帰宅はいつも深夜。休日も活動に必要な文書づくりに没頭し、家庭サービスなどする余裕はまったくなかった。そんな日々に、妻が平静でいられるわけがなかった。

「お願いだから、やめてください」

妻は、泣きながら訴えた。

わたしも、いま行っている活動が、自分たちにとっていかに危ないことか、十分わかっていた。しかし、どんなに妻に泣きつかれても、わたしに迷いはなかった。

「これは、やらなければいけないんだ。やるべきなんだ。わかってくれ」

わたしは妻の顔を見つめながら、強い口調で返した。塩路側からの報復を恐れ、いまの生活を失うことにいい知れぬ不安を覚え、「やめてほしい」と訴える妻に対し、わたしは「べき論」で答えるしかなかった。

妻の育子とは、わたしが早稲田大学商学部時代、友人の紹介で一緒にボウリングをしたのが出会いだった。三歳下で女子大に通っていた。「可愛い子だな」。印象に残ったが、大学時代に会ったのはその一回だけだった。日産に就職後、日産本社の隣のビルに入っている会社に勤めていると人づてに聞き、訪ねて再会し、交際を経てプロポーズした。子どもにも恵まれ、マイホームをもち、これからも穏やかな生活を思い描いていたであろう妻は、わたしの「べき論」をどう受け止めたのだろうか。

帰途につく車のなかで、妻は涙を流すばかりだった。胸が痛んだ。ごめん。申し訳ない。なんとか耐えてほしい。わたしは心のなかで謝罪の言葉を繰り返した。

それが三年後、妻は背中に三男をおんぶしながら、わたしとともに最前線で戦うことになるのだ。

2　入社以来、感じた異常さ

社長の目の前で経営者批判

わたしは一九六七（昭和四二）年に入社した。「この会社はどこか変だ」と感じたのは、一日目、四月一日の入社式の光景だった。

当時、本社は創業の地である横浜工場（神奈川県横浜市神奈川区）にあり、入社式は構内にある講堂で行われた（翌年に東京・銀座の新社屋へ移転）。入社式は会社の主催であるはずなのに、なぜか日産では労組との共催だった。

最初に社長が訓示と経営方針を述べる。就任一一年目、「日産自動車中興の祖」とも称された川又克二社長だ。この年、六二歳。ここまでは普通の入社式だった。

次いで壇上に登場したのが塩路一郎だった。何を話すのかと思うと、会社の祝賀の行事であるのに、舌鋒鋭く経営批判を始めたではないか。川又社長はそれをただうなだれて聞いているだけだ。

「なんで社長より、労組のトップのほうが偉そうにしているんだ。いったい、この会社はどうなっているのだろう」。その異様な光景は新入社員のわたしに強烈な印象を与えた。

この入社式は、日産では会社側より、組合のほうが力を有しており、したがって、会社より、組合を大事にしなければいけないという意識を、新入社員に埋め込むための〝すり込み〟だったのかもしれない。塩路一郎は人に対する心理操作では頭抜けた能力をもっていた。

川又克二（1905〜1986）。元日産自動車社長。興銀出身。日産中興の祖とされる。

日産には、自動車労連の中核労組である日産自動車労働組合（以下、日産労組）がある。その年の八月三一日、毎年開かれる日産労組の創立記念日の式典に、新入社員ながら職場代表として出席させられたときの違和感も忘れない。

挨拶に立った塩路一郎が、ひたすら自分の功績の自慢話を続ける。「この男は、いったい何を考えているのだろう」。その自己顕示欲の強さに、性格の異常さを感じとった。

日産は一二月二六日が会社の創業記念日で、記念式典が開催され、社員が参加するが、その場でも、塩路一郎による経営批判とうなだれる川又社長という光景が繰り広げられた。

選挙に動員し違法行為を強制

次いで、わたしが労使関係の異常さを感じたのは、選挙への組合員の動員についてだった。

まず、衆議院選挙にしろ、参議院選挙にしろ、選挙が近づくと、組合員は全員、家族および親戚一同の名簿を提出させられる。「個別訪問」に使うためだ。

そして、選挙が始まると組合員は運動員として、日曜日や休日だけでなく、平日も動員され、割り振られた名簿にしたがって、「個別訪問」を行う。

選挙の運動員が投票の依頼のために、家を一軒一軒訪問して回る「戸別訪問」は公職選挙法で禁止されている違反行為だ。

一方、特定の支持者を回る「個別訪問」は、投票依頼をせず、「何か行政に不満はありませんか」といった調査行動であれば、厳密にはグレーだが、違反にはならないとされていた。

しかし、組合員が動員されて行う「個別訪問」は、特定の支持者というより、組合員の家族や親族であり、「○○の後援会から来ました」といって、「よろしくお願いします」と頭を下げるのだから、実際は「戸別訪問」だった。それも一回では効果が薄いため、同じ家を何回も訪問させられた。

実際は違法行為であるため、もし警察に捕まった場合は、次のように答えるよう、事前にマニュアルもレクチャーされた。

〈自発的に自分の考えで行っている……可／組織的に指示されている……不可〉
〈自分の費用で行っている……可／会社の費用で行っている……不可〉
〈候補者に影響をおよぼさないよう、自分一人の責任範囲にとどめること〉
〈仲間の名前は絶対漏らさぬこと〉

このマニュアルを見ても､労組側は活動が非合法になる可能性を十分に認識していたことがわかる。交通費は組合から出るが、選挙が終わってから三カ月以上経ってから支給された。組織的な指示を隠し、警察の追及をかわすためだった。

実際に選挙違反で捕まった組合員もいたが、組合側は指示を否定し、支援もしなかった。

さらに異常なのは、会社側も実態は違法である選挙活動を容認していたことだ。選挙への組合員の動員は、表向きは個人の意思による選挙活動とされ、平日については本人が休暇をとって参加していることになっていた。しかし、会社の人事部門の裏勘定では「出勤」扱いとされ、おまけに「残業代」までついた。

また、選挙の公示後は電話による投票依頼が解禁になる。組合は一軒家を借りて、電話を何本も引いて、そこから投票依頼の電話をかけまくるが、家賃も電話代も会社もちだった。

さらに、極端な例としては、各地に住む会社の管理職である部課長の家と電話が選挙用に〝動員〟

されることもあった。日中、その地区の労組の人間が家に上がり込み、電話を使いたい放題使うのだ。部課長の奥さんは接待に追われるばかりか、かかった電話料金も部課長もちで、労組からは支払われなかった。

組合員ではない部課長が労組からの理不尽な要求にしたがわざるをえない状況が、異常さを物語った。

こうして会社ぐるみ選挙で当選した議員は、「塩路さんのおかげで当選できた」として、塩路一郎の意向どおりに動くようになるのだ。

「管理職にすること能わず」

わたしと同期入社の新入社員たちは、ほぼ全員が半年も経たず、セールス出向といって、販売のてこ入れのため、販売会社に出向になった。一年半ほどして戻ると、わたしは横浜工場の生産課に配属になり、続いて、本社の生産管理部で生産計画の仕事に携わることになった。

入社して五年ほど経ったときのことだ。労組の意向に反対すると、どのような報いを受けるのか、わたし自身、体験したことがあった。

当時、日産はまだ週休二日制を導入していなかった。あるとき、労組が、ひと月のうち隔週で土曜日を休日とするが、本社についてはその対象としないとする提案を行った。提案をすればそのままとおるのが通例だったが、わたしがいた生産管理部は自立した考えをもつ社員が多く、多くの反対票が出てしまった。わたしも反対に回った。

日産の労組は、それぞれの職場ごとに末端の組織が形成されており、わたしは生産管理部生産計画課の組合員のリーダー役である職場長を務めていた。生産管理部から大量の反対票が出たことを問題視した組合支部から、職場長のわたしに「ちょっと来るように」と呼び出しがかかった。

組合支部に出向くと、目の前に一枚の文書が置かれた。そこには反対票を投じた組合員の名前がずらり並んでおり、わたしの名前も入っていた。そして、それぞれの名前の欄の右端を見ると、次のような文言が記されていた。

〈将来管理職にすること能わず〉

つまり、これから先、課長に昇進することはできない。わたしは労組には課長人事を左右する権限はないはずだと不審に思ったが、反対者に対する一種の脅しであることは間違いなかった。「組合は会社以上に会社のことを考えている」とは塩路一郎の組合至上主義の常套文句であり、ゆえに「組合に反対するものは会社の敵である」と見なすと。

その後、わたしは一九七五（昭和五〇）年に広報室へ異動になった。広報室にはあらゆる情報が集まり、社内の状況をくまなく知ることができる。わたしはこの広報室へ異動したことで、労組による人事権簒奪の恐るべき実態を知ることになる。

3　塩路独裁を招いた労組による人事権奪取

労組の事前承認による現場支配

わたしが同志たちとともに、打倒塩路の戦いを進めた際、異常で歪んだ労使関係の実情をまとめて記録した「現状の労使慣行の悪しき実態」と題した資料が残っている。そこには、組合の事前承認なしには人事案は提案できない次のような実態が記されている。

日産では一つの組立ラインに三〇～四〇名の従業員が従事する。これが製造現場での最小単位の組織である「組」となり、それを束ねる役職を「組長」（後に工長に変更）といった。そして、その一つ上の段階で、いくつかの組を統括する役職を「係長」と呼んだ。組長および係長でそれぞれが組織する組長会、係長会があった。

日産では管理職を「職制」と呼んだ。組長も係長も現場責任者で、部下に対して命令を出す権限はもっていたが、職制ではなく、組合員になっていた。

このほか、安全衛生管理の事務を担当する「安全衛生管理主任」と呼ばれる役職があり、係長会、安全衛生管理主任会、組長会をまとめて「三会」と呼び、製造現場で一定の発言権を有していた。

いずれの役職についても役付の任命は、普通の会社であれば、人事権をもつ会社が行う。しかし、日産では組合の事前の了解なしには、会社側は役付の提案もできなかった。やり方は次の四つのステップで行われた。

①まず、工場での所属長である各部の部長ないしは各課の課長が労組に、誰を係長、組長、安全衛生管理主任に任命したいか、事前相談を行う。

②労組は合意もしくは修正を指示する。

③労組からＯＫが出たら、所属長は工場の人事課に手続きを依頼する。

④人事課より労組へ人事案を提案する。すでに労組の合意済みだから、この提案は実質的に単なる手続きに過ぎない。

この事前承認のねらいは、②の役付の案への修正のステップで労組の意向に沿った内容に変更させることにあった。修正の際は、当然、組合に対して協力的な人間を推薦してくる。所属長はそれを拒めない。つまり、現場の人事は事実上、労組側が握り、会社側は手出しができなかった。

また、組合幹部は、本人に会社から役付任命が伝えられる前に人事案を知ることになり、事前に本人に対して、「今度、おまえを組長に推薦しておいたからな」「今度は係長だ、おめでとう」などとリークし、あたかも組合のおかげで任命されたように思わせていた。

工場での人事異動も同様だった。誰かをある課から別の課に異動させるにも、同様のステップを踏まなければならない。労組の合意が得られなければ、異動はさせられない。

現場での人事権は、完全に労組側に簒奪されていた。

中国の国家主席の地位にあった毛沢東は、一九六〇年代、権力を都市を基盤とした実権派に奪われたとき、奪権闘争として文化大革命を起こし、大量の紅衛兵を農村に下放し、農村を強固な支配地盤として固めて、都市の実権派を追いつめていった。

このやり方は「農村から都市を包囲する」戦略といわれるが、塩路一郎のやり方も、工場を農村と見立てて、大人数の工場を押さえ、少人数の本社（都市）を包囲するもので、組織操縦術に長《た》けた巧みなやり方だった。

経営を侵食していった事前協議制

会社側が労組側と事前協議を行い、事前承認を得るのは、現場の人事だけに限られなかった。経営にとって、もっとも重要な課題の一つである生産性向上についても、会社側の業務命令では行えず、事前承認を必要とした。

この事前承認を明確にするため、労組は一九七七（昭和五二）年二月、「P3運動」を開始する。これは表向きは、プロダクティビティ（生産）、パーティシペーション（参加）、プログレス（進歩）のイニシャルをとって命名した生産性向上運動だったが、実質的には、「労組の承諾なしには、生産性向上のための施策を認めない」と、経営側に釘を刺す内容だった。

たとえば、ある工場の第一製造部の第一製造課長が、自分の管轄の組立ラインの生産性を一〇％高めるため、従来、二〇〇名の人員で運営していた体制を、さまざまな創意工夫により、一八〇人体制に変えたい、あるいは、リードタイムを一〇分から九分に短縮して改善したいと考えたとする。ほかの自動車メーカーであれば、そのまま施策を実行に移せるのに対し、日産では事前協議による承諾が必要とされた。

月間の勤務体制も事前承認の対象とされ、AラインとBライン、数メーター離れて並んでいた二つの組立ラインの間での人員の移動さえも、経営側は自由にはできなかった。

たとえば、二つのラインのうち、Aラインは人気車種を製造していて増産で繁忙を極め、その一方で、Bラインは販売が好調とはいえない車種を担当して、人手に余裕があったとき、経営側はBラインの人員をAラインの応援に出したいと考える。本来なら業務命令でできるはずなのに、労組の事前承認がなければ生産体制を変更できず、拒否されることも珍しくなかった。

事前協議による事前承認は労組にとって既得権化し、その既得権は、まるで〝獲物〟を求めるかのように自己増殖し、対象はどんどん広がっていった。

増産のための休日出勤（日産では略して「休出」といった）や残業も、所属長が事前に各工場の組合支部に申し出て、許可を得なければならない。本社では、社員の海外出張も事前協議の対象となり、承認が得られるまで二〜三カ月も要することもあった。ある工場では、会社主催の運動会での工場長の挨拶の内容までもが、労組から事前チェックを求められた。

工場では、人事権に加え、現場の管理権もその多くが労組の手に渡っていたのだ。

労組に対して批判的な工場の職制に対しては、組合事務所への「出入り禁止」の処分を下し、事前協議を受け付けない。事前協議ができないと、工場では何もできない。そこで、職制は労組に屈服する。また、工場で起きた出来事が、労組にとって「問題あり」と見なされると、職制は自己批判の「詫び状」を書かされた。

事前協議、事前承認の呪縛で雁字搦《がんじがら》めになった現場の職制たちは、労組の拒否にあわないよう、あるいは、労組から問題視されないよう、工場内での社内放送も、掲示板の掲示物さえも、何ごとによらず事前に相談に行くようになり、部下同士の結婚まで事前報告していた例もあった。

その結果、どの工場でも、工場長、部長、課長たちが、労組の意向、すなわち、塩路一郎の意向に沿うように方針決定、意思決定をせざるをえなくなった。

いちばんこわいのは、生産現場が組合に対する〝お伺い組織〟となり、その文化に飼い慣らされて、「組合一番、生産二番」となり、ものづくりメーカーとして挑戦する風土がなくなっていくことだった。

第一次オイルショック（一九七三年）および第二次オイルショック（一九七九年）を経験し、世界中が低燃費の小型車を求めていた。そして、それを供給できるのは日本しかなかった。そのような絶好期に日産だけが、たった一人の絶対的権力者、塩路一郎という人間の鼻息をうかがいながらの経営を余儀なくされていたのだった。

そのため、日産では、こんな光景も見られるようになった。

増産のため、急きょ、ある工場で従業員の休出が必要になったとき、労組の事前承認を得なければならない。経営側がもっとも恐れたのは、事前協議を経ずに業務命令を出したとき、労組が反発して、今後、いっさい非協力な態度に出てしまうことだった。売れているときにこれほどこわいことはなかった。

労組が休出になかなか応じてくれないときは、会長の塩路一郎に直接頼むしかない。本人は毎晩のように、銀座や六本木の高級クラブで豪遊する（その私生活については第2章で詳述する）。そこで、役員がその行きつけの銀座のクラブで夜中の一二時、一時まで本人が来店するのを待って、承認を依頼するのだ。

日本を代表する企業の役員が、深夜のクラブで労組のトップに承認を求める光景は尋常ではなかったが、その役員も、好んでこのような振る舞いを演じているわけではなく、塩路体制下の組合を相手に、いかに会社としての業務を遂行していくかに腐心していたのだろう。

4 裏部隊による謀略活動

フクロウ部隊による尾行、盗聴、嫌がらせ

経営対労組の表舞台では、事前協議による事前承認により生産を支配し、現場を支配する一方、裏

舞台では、塩路一郎と直につながった裏組織のフクロウ部隊が暗躍して謀略的な活動を行い、その独裁的権力を陰で支えていた。

自動車労連および日産労組は、大卒グループ、高卒グループ、工専卒グループ（中学卒業後に日産工業専門学校に入学、卒業後に日産入社）と大きく三つの派閥に分かれていた。大卒グループは、専従である常任委員のポストに就いていても、いずれは会社に下番（専従の組合員が会社に戻ることを日産では「下番」と呼んだ）し、職制になりたいとの気持ちを大なり小なりもっていた。工専卒グループは人数が少ない小派閥だった。

一方、高卒グループは生産現場のたたき上げのいわゆるブルーカラーが主力で、最大派閥を構成していた。ブルーカラーが職制になるのはきわめて難しかったが、常任委員になれば、会社側の役員とも対等に渡り合え、待遇面もよかった。

ただ、常任委員としての期間が長くなると、会社に戻ってもブランクがありすぎて仕事への適応が難しく、そのため、組合内での出世に望みをつないでいるところがあった。

フクロウ部隊はこの高卒グループのなかで組織されていた。

わたしに対する尾行も、このフクロウ部隊によるものだったことは前述した。わたしは尾行に気づいたら、駅のホームではもしもの場合に備え、けっしてホームの端を歩かなかった。

フクロウ部隊は盗聴も常套手段だった。盗聴は、労組に批判的な会社側の要注意人物だけでなく、同じ組合の内部同士でも秘密裏に盗聴が行われていた。われわれの同志が、ある工専卒グループ出身の組合幹部から聞き出したところ、「おれの電話も盗聴されていた」と打ち明けられて、仲間内でも盗聴するのかと驚かされた。

工専卒グループは小規模のため、他の二派閥とは接近したり、離れたりのスタンスをとっていた。そこで、その幹部が電話をかけた相手や、電話をかけてきた相手との会話の内容から、要注意人物を割り出そうとしたのだろうか。

これは、少しあとの話だが、こんなこともあった。日産には、横浜、追浜《おっぱま》、村山、座間、吉原、栃木、九州の七カ所に工場があったが、なかでも創業の地である横浜工場は労組の牙城となっていた。この横浜工場で塩路側と戦い、改革を進めるため着任したわれわれと意の通じた改革派の人事課長の身辺で起きた話だ。

その人事課長は厚木にある借り上げ住宅から横浜工場まで車で通勤していた。着任直後のある日、夜一〇時ごろ、帰宅のため、工場の部課長駐車場で車に乗ろうとすると、運転席のドアが開かない。よく見ると、ドアがペコペコにへこんでいた。へこんだ箇所には、つま先に鉄芯が入った安全靴の足跡や油汚れが付着していた。

それから一〇日ほどして、同じく帰宅のため、夜、東名高速道路を厚木インターで降りようとしてスピードを緩めたところ、右側車線で追い越しをかけてきたトラック（白のダットサントラックのようだったという）の荷台に人影が見えたと思ったら、その人影がコンクリートのブロックを三個投げつけてきた。その一つが車体の下のほうにあたったようで、車を止めてみると、フロントのバンパー下にとりつけたアンダースカートがめくれ上がっていた。あたった場所が違っていれば、命にかかわる大事故にもつながりかねなかった。

ドアを安全靴で蹴ったのも、トラックの荷台からブロックを投げつけてきたのも、フクロウ部隊による嫌がらせと決めつけられる証拠はないが、状況から考え、ほかの可能性は考えられなかった。

日産の「ゲシュタポ」

フクロウ部隊は工場を拠点にして謀略活動を担ったが、その一方、労組は本社においても、裏の情報収集網を張りめぐらせていた。その主たる目的は、社内の幹部クラスの人間の〝弱み〟を握ることにあった。

わたしがファイルにして残した「最近の自動車労連動向について」と題した資料に、その具体例が紹介されている。この資料は、かつて自動車労連で塩路一郎の秘書的業務を担当していた企画室某幹部と雑談をした人物からの情報をもとにわたしが作成したものだ。そのなかから「人事部との連携について」と題された部分を引用する。メモに登場する人物の所属部署は伏せる。

人事部がある人物を調査し始めると、各部署にいるデータマンとでもいうべき人間が動き出すが、その中の一部の人間から調査内容は組合にも同時に逐一入ってくる。部、課長クラスの不正については組合は完全に情報をキャッチしているといってよい。絶対にオフレコだが、ほんの一部を紹介しよう。

◯◯部のD部長、××部のE部長、それに今度△△部に行ったF部長の悪行は完璧にすべてわかっている。D部長、E部長は、50周年記念キャンペーンの広告を担当したG社と黒い関係にある。G社は当社に喰い込みたいために、D、E両部長に夫婦で欧州旅行をもちかけ、これに2人が応じて各々別日程で訪欧した。F部長は販売会社H社と組んで行った資産売却による不当利益の授受である。

調査の結果、このようなことが判明しても、決して会社から本人には言わない。ここがミソである。組合はこのつかんだ情報で抱き込み工作を図る。サラリーマンの本質的に一番弱い部分を巧妙に突く訳だ。

ここ迄話してくれれば、わかる通り、このデータマンの一部がすなわち巷間《こうかん》言われている「ゲシュタポ」である。

ゲシュタポとは、ナチス・ドイツの秘密警察のことだ。人事部は、労組との交渉や折衝の窓口になるため、担当役員以下、部長、課長、部員も塩路寄り、労組協調派で占められていた。

悪魔のささやき

秘密警察やスパイの役割を担う社員は、社内のいたるところにいた。わたしもニューヨーク事務所に勤務していたことのある同期入社の知り合いから、米国でのスパイ活動について聞き取りをしたことがあった。その取材メモが残っている。

それによると、ワシントン事務所のI所長は、職責上は報告義務のない塩路一郎宛てに、しばしば報告書を送っていた。わたしの同期が、I所長の秘書からこっそり見せてもらった報告書の写しのなかでも、いちばん驚いたのは、米国日産のJ社長についての報告書だった。

「先般ご指示のありました様にJ社長について、報告する様にとのことでありましたのでご報告いたします」という書き出しで始まる報告書は、「J社長がディーラーのミーティングをすっぽかしゴルフに行ってしまう」「ディーラーの受けも悪い」など、J社長の動静、行動について、多くの「悪口」が書かれており、「J社長が見たらビックリする内容」で、「こういう形で労連は役員の弱みを調査しているのか？　と思った」と同期は語っていた。

人間はいまの生活を失うことを何より恐れる。家庭をもち、家のローンも抱えるサラリーマンの場合、最大の急所だ。そこで、社内にめぐらした裏の情報網を使って「弱み」を握り、ときに〝悪魔のささやき〟で抱き込んでいく。組織の切り崩し方を塩路一郎は熟知していた。

5 〝鞭と飴〟で組合員を操る

恐怖政治と恩賞

自動車労連には二三万人、日産労組には五万七五〇〇人の組合員がいた。彼らはなぜ、異常な労使関係について疑問を抱かなかったのだろう。

われわれの同志の一人に、入社以来、一貫して人事、労務畑を歩んできた自他ともに認める「人事のプロ」、安達二郎さんがいた。安達さんの次の言葉が、この問いへの答えを示している。

「工場の末端の労働者はみんな素直な人たちです。彼らの多くは、組合内部の問題を承知しています。いまは会社がだらしなく、組合のいうことはなんでも聞いてしまっている。ただ、組合につくとか、会社につくとかといった感覚はそんなに強くなく、要は争いに巻き込まれたくない。自分の仕事ができて、給料がもらえて、生活が守れればいい。彼らは、秘密部隊のこわさも知っているし、何をやるかわからない連中であることもわかっています。ここで組合に反発したり、逆らったりしたら、自分の将来はどうなるか、見せつけられて知っている。組合に抵抗した人間の末路を見ているんです。だから、会社が増産のため、休出の業務命令を出しても、組合の支部長が、業務命令は聞くなという指示を出せば、それにしたがう。（組合の）上が動けば、それにしたがわざるをえないのです」

塩路一郎は〝鞭と飴〟により、組合員たちを懐柔していた。

ブルーカラーの従業員は職制になるのは難しく、組長、係長になるのが出世コースだった。労組は生産現場の役付任命の実質的な人事権を握っていたから、労組に対して非協力的な従業員は、所属長が役付任命を考えても、労組のチェックによって候補から外され、一生出世の道は閉ざされる。

さらに、反組合的な動きをした従業員は、各工場で組織された秘密グループによって、つるし上げを食らわされる。それでも行動が変わらない従業員については、労組は会社の人事に通報する。人事は労組との関係を維持するため、その従業員を退職へと仕向けていく。工場を押さえている労組には、それが可能だった。

従業員たちは誰もがそれを知っているから、会社にではなく、労組に、つまり、労組を牛耳る塩路一郎に顔を向け、服従するようになる。

こうして恐怖政治で従わせる一方で、飴も用意していた。労組に対して協力的な従業員は、〝恩賞〟として役付任命で推薦してもらえる。また、さまざまな場面で何かと優遇された。

人間の心理の裏まで読む

また、係長や組長に対しては、巧みな心理操作を行っていた。係長や組長は会社組織の最前列で部下に対して命令する権限をもち、かつ、組合員でもあるため、会社も労組も組織のかなめとして重要視する。そこで、本社の人事部勤労課は係長会、安全衛生管理主任会、組長会の三会の会議を定期的に開催し、会社の業務方針を伝え、現場の意見を聴取するなどしたあとに、懇親会をもうけ、ときには観劇会などの慰労会を企画することもあった。

これと対照的なのが、労組のやり方だった。係長会や組長会の会長は年に一回、自動車労連に挨拶に行く。それがきわめて儀式めいていた。

たとえば、係長会の会長が日産労組の書記長の案内で自動車労連会館に出向く。広い会議室に通されると、そこには長いテーブルが置かれている。二人がテーブルの真ん中に座ると、両脇から挟むように会長の塩路一郎とナンバーツーの清水春樹事務局長が座る。そして、その両側と反対側にずらりと常任委員が着座し、会長の挨拶の後、歓迎の食事会が始まる。

係長会の会長からすれば、自分のために、雲の上の存在である塩路会長以下、常任委員がわざわざ時間を割いて出席してくれて会食もする。しかも、会長自らビールを注いでくれる。その威圧感は並々ならぬものがあった。どちらが心理的に影響力が強いかは明らかだった。

東大卒エリートが塩路一郎に追従した理由

係長や組長の歓迎の食事会でずらり並ぶ常任委員のなかには、技能系の高卒ブルーカラーとともに、事務系の大卒ホワイトカラーも多く含まれていた。

当時の日産は新卒採用で、東大、京大、東工大、一橋大といった国立大学出身者を優先して採る傾向が強かった。こうした学歴偏重の日産において、塩路一郎はといえば、明治大学の夜間部の出身であり、異例の存在だった。

大卒エリート社員が、なぜ、塩路体制に追従したのか。それも、鞭と飴によるものだった。まずは飴だ。大卒組にとって、労組内で出世することは重要な意味をもった。なぜなら、常任委員や組合幹部の経験者は下番後、会社における一定の地位が約束される仕組みが、塩路一郎の会社に対する強い影響力のもとで形成されていたからだ。

本社の役員に塩路派が多く存在したのも、その仕組みによる部分が大きかった。

一方、鞭は容赦なかった。反組合的な動きをした途端、日産から追い出される運命が待っていた。

塩路一郎が自動車労連会長の座に就いたのは一九六二（昭和三七）年。以来、二〇年間にわたり、塩路体制が組織の隅々にまで根を張り蟠踞《ばんきょ》*することができたのは、表組織と裏組織を使い分けながら、組合員に対して、一方では組織内および下番後の会社内での地位を約束し、他方では恐怖政治により抵抗の芽を摘むという、巧みな組織操縦によるものだった。

また、塩路一郎は「本当に会社のことを考えているのは、経営者ではなく組合だ」と吹聴し、自らの専横を正当化しようとしたが、労組の執行部以下、組合員のなかには、その弁舌にのせられ、本当に洗脳されるものも少なからずいた。フクロウ部隊はその典型だった。

*蟠踞……（とぐろを巻いてうずくまる意から）しっかり根を張って動かないこと。

6　蜜月にあった川又―塩路ライン

労使協調の名のもと、労組への妥協を重ねた

塩路一郎は、マスコミからは日産の〝陰の天皇〟の意味で、「塩路天皇」などと呼ばれていた。また、その独裁性や反民主主義的体質を知る国内の労働組合運動の関係者たちは、陰では「小型ヒトラー」と呼んでいた。

しかし、わたしには、日産に巣食い、その内部を蝕んでいく姿は、まるで「エイリアン」のように見えた。そのエイリアンがなぜ、日産に蟠踞できたのか、もう一つ理由がある。日産におけるもう一方の〝表の天皇〟が、その力を必要としたからだった。

日産労組は、いわゆる左翼系の組合ではなかった。その誕生には一九五三（昭和二八）年に起きた、世にいう「日産争議」とかかわりがある。この争議を率いたのは、当時の労組で、「会社が潰れても組織は残る」と唱え、階級闘争路線をとった左翼系の全日本自動車産業労働組合（全自動車）の日産分会だった。

労組はストに突入し、争議は泥沼化する。この左翼系労組に対抗し、労使協調路線の第二組合として生まれたのが日産労組で、その勢力はまたたくまに拡大した。

こうしたなかで、専務取締役として日産争議の収拾に豪腕を発揮したのち、一九五七（昭和三二）年から一九七三（昭和四八）年まで一六年間、社長を務めたのが川又克二氏だった。

社長在任中、日産は高度経済成長期のモータリゼーションの波に乗り、大きく発展した。そのため、川又社長は「中興の祖」と讃えられ、長期にわたりトップの座に就き、経営陣のなかでは圧倒的な発言力を有したことから、「川又天皇」とも呼ばれた。社長就任五年目に神奈川県横須賀市に追浜工場が新設されたときには、構内に銅像が建てられたほどだ。

川又社長は確かに日産の発展に貢献したが、次の世代に残した〝負の遺産〟も大きかった。労使協調の行き過ぎで、労組による事前協議の既得権化とその自己増殖を許し、経営への介入を許容してしまったことだ。

川又社長は当時、日産のメインバンクだった日本興業銀行（以下、興銀　現・みずほフィナンシャルグループ）の出身だったこともあり、もともと日産社内での基盤は必ずしも強固なものではなかった。そこで、社内での求心力を維持するため、労使との関係をよりどころにしていた。それが後に、塩路一郎の専横を許すことにつながった。

また、川又社長は塩路一郎にある種の〝借り〟があった。詳しくは後述するが、日産争議のときの第二組合設立の立役者で、自動車労連の初代会長に就いた人物がいた。その人物は下番にあたり、経営側に役員のポストを要求し、川又社長はこれをもて余した。このとき、二代目会長に就任した塩路一郎がその人物を追い落としたのだ。

もう一つは、日産とプリンス自動車工業が一九六六（昭和四一）年に合併したときの話だ。合併を進めるうえで、大きな障害となったのが、階級闘争主義に立つ左翼系のプリンス労組の存在だった。川又社長の意を受けた塩路一郎は、自動車労連の表組織と裏組織を総動員し、あらゆる手を使ってプリンス労組の切り崩しに成功する。

こうしたことから、川又社長と塩路一郎の間には、癒着とも称されるほどの密接した二人三脚の蜜月の関係が形成されていった。

川又社長は一九七三（昭和四八）年、社長の座を子飼いの岩越忠恕《ただひろ》副社長に譲り、会長に就任した。岩越社長は非常におとなしい人物で川又会長のいうとおり動く。実質的な経営トップが川又会長であることには変わりなく、塩路一郎との蜜月は続いた。

労働界でのステータスを高めていった塩路一郎

もっとも、労組側が事前協議の要求を自己増殖させていった背景には、日本の自動車産業の発展過程という要因もあった。

それは、一九六〇年代の到来とともにやってきた。

一九六〇（昭和三五）年に発足した池田勇人内閣の所得倍増計画が予想以上の起爆材となって、高度経済成長が始まり、投資が投資を呼び、所得増加が次の消費を導いた。日本人の生活スタイルにも、質量ともにそれまでの時代とは桁違いの変化をもたらされた。ニュータウンやスーパーマーケットといった言葉は、この時代に生まれた言葉だ。

豊かになった人々は「カー・クーラー・カラーテレビ」の3C（新三種の神器）を追い求め、自動車業界は空前のモータリゼーションにわいた。一九六四（昭和三九）年の東京オリンピックに向けて、高速道路が登場すると、さらにそれを後押しした。

日本の国際的地位もいよいよ高まっていく、その先駆けの時代だった。

日産も、トヨタとともに工場建設に突き進んだ。一九六一（昭和三六）年には追浜工場が（主な車種はブルーバード）、一九六五（昭和四〇）年には座間工場（同サニー）、一九六八（昭和四三）年には栃木工場（同セドリック）が、相次いで操業を開始した。

こうして、自動車産業は日本の産業界において、鉄鋼・造船の重厚長大産業にかわってナショナル・エンタープライズの地位を不動のものにしていった。

このような時代背景を嗅覚の鋭い塩路一郎という人間が見逃すはずがなかった。工場の組長、係長という、現場組織のもっともコアな部分での人事権や管理権を握ることによって、工場全体を実質支配するという塩路体制の権力掌握方程式も、この時期フル稼働を続けていたのだった。

そして、自身は自動車産業の興隆とともに、労働界でのステータスを高めていった。

コスト競争力でトヨタに水をあけられた

川又社長は塩路一郎に、現場の調整を託す。塩路一郎はそれに応えて現場を押さえる。しかし、川又一塩路体制の二重権力構造の弊害は、車づくりの生産性の低さとなって現れた。

一九六〇～七〇年代、業界一位のトヨタも、二位の日産も会社を大きく発展させたが、その間、経営の内実には大きな違いが生じた。

トヨタは、かんばん方式、カイゼンなど、独自の手法によってものづくりの根幹やマネジメントの基礎を固めながら、経営の骨格をつくり上げた。一方、日産は労使協調路線の名のもと、経営の自主権をもてないまま、労組への妥協を重ねるといういびつな労使関係を抱え、経営の骨格をつくることができなかった。要は日産はただ、モータリゼーションの波に乗り、足腰が弱いまま図体だけが大きくなったに過ぎなかった。

経営のあり方の違いは数字になってあらわれた。一九六〇（昭和三五）年、自動車の国内シェアは日産が三三・〇％、トヨタが二六・八％と日産が首位に立っていた。

それが一〇年後には、トヨタ三一・四％、日産二四・八％と順位が逆転している。プリンスとの合併前年の一九六五（昭和四〇）年には、日産は二一・四％にまで落ち、翌一九六六（昭和四一）年には合併効果で二七・二％まであがったが、それ以降は下降をたどった。

憂慮すべきは労働生産性の問題だった。岩越社長が退任した一九七七（昭和五二）年の従業員一人あたりの生産台数を比較すると、トヨタが月平均八・〇九台であるのに対し、日産は同五・七六台と水をあけられた。

同じ年の在庫金額もトヨタが二〇〇億円台前半であるのに対し、日産は五〇〇億円台後半と二倍以上の開きがあった。回転率（売上高÷在庫金額）はトヨタに三倍近い差をつけられた。

生産性の低さはコスト競争力の弱さに結びつく。同じ大衆車であるトヨタのカローラと日産のサニーとでは、製造原価で一台あたり五万円の差があった。五万円といえば、エンジン一台分のコストに相当した。これでは、ものづくりの生命線であるコスト競争力で日産はトヨタに太刀打ちできるわけがなかった。

それでも、自動車産業全体が拡張していた時代は、日産が抱えるいびつで異常な労使関係という内部矛盾が顕在化することはなかった。

過去の〝成功体験〟への過剰適応

『失敗の本質　日本軍の組織論的研究』（中公文庫）という名著がある。野中郁次郎・一橋大学名誉教授をはじめ六名の共同研究者が、先の太平洋戦争で日本軍はなぜ負けたか、その敗因について、戦史を経営学や組織論の視点から分析し、理論化を試みた著作だ。出版以来三〇年以上にわたって読み継がれ、累計七〇万部を記録する大ロングセラーとなっている。

その組織論的研究によると、日本軍の最大の敗因は過去の成功体験への過剰適応にあったという。

日本軍の戦略原型（戦い方のパラダイム）が形成されたのは、大国ロシアに小国日本が勝利した日露戦争だった。陸軍では白兵戦による銃剣突撃を重視する白兵第一主義が、海軍では艦隊決戦を重視する大艦巨砲主義が生まれた。

日本軍はその後も、この成功体験に過剰適応し、軍部独走のもと、その戦い方はますます強化されて太平洋戦争にまで引き継がれてしまった。

その結果、陸戦では、火力重視的な合理的な戦い方を行った米国軍に白兵第一主義が通用せず、玉砕を重ねた。海戦では空母と航空機による機動戦へと移行した米国軍相手に、戦艦大和に象徴される大艦巨砲主義で戦い、次々と艦艇を失っていき敗戦へといたった。

日産でも、川又―塩路体制下で当初は、労使協調路線によって高度経済成長の波に乗り、業績を伸ばした。しかし、この成功体験に過剰適応した結果、労組は経営側も手出しができないほど強大化し、経営側もそれを受容するようになった。

しかし、高度経済成長は第一次オイルショック（一九七三年）により終焉。一九七〇年代後半、日本は安定成長期に入り、その一方で、世界の巨人ゼネラルモーターズ（ＧＭ）が日本車と競合する小型車マーケットに参入するなど、グローバル競争が始まろうとしており、日本の自動車会社は経営力が問われる時代へと移っていた。

このまま権力の二重構造が続けば、日産に明日はない。

文明はそれが興隆したのと同じ要因で衰退するといわれる。日産もその運命をたどるのか。絶望の淵に立たされたとき、われわれの前に救世主が現れた。

第2章
戦う社長の登場

1 「メフィストフェレスの誘惑」を断る

反塩路派が待望したリーダー

あのつら構え、つら魂《だましい》だ。石原の前に出て風圧を感じない社員は六万人の日産マンの中で一人としていまい。一メートル七十八センチの上背と八十二キロのがっしりとした骨太な体躯は、黙って坐っているだけでも威風あたりを払う趣がある。

日産を舞台にした経営側と労組側、それぞれのトップ同士の戦いを題材にした実録小説『労働貴族』（講談社　一九八四年五月刊／文庫版は一九八六年六月刊）を執筆した作家、高杉良氏は、その風貌をそう表現した。

「魁偉な容貌から豪胆な印象をうけるが、細心に気配りをみせる人」とも書いた。

石原俊。この人なら日産の閉塞状況を変えてくれる──そう期待させるに十分な資質をもったリーダーだった。

一九七七（昭和五二）年六月、岩越社長に代わって、石原社長が六五歳で就任すると、生産現場を支配し、経営に介入する塩路体制との対決姿勢を前面に打ち出した。

川又さんや岩越さんとは違って、私は「経営への労組の介入は絶対に許すまい」と考えた。それに最も強く反発したのは、日産グループの自動車労連で絶対的地位を築いていた塩路君だった。

石原社長は、後に日本経済新聞文化面で「私の履歴書」を連載し、それをもとに『私と日産自動車』と題して単行本化（二〇〇二年三月刊）した際、「当時は書き尽くせなかったこと」を大幅に加筆した。この加筆部分の「労働組合のドン」と題した章は、こんな書き出しで始まる。

その章で、両者の関係を物語る象徴的なエピソードが紹介されている。

石原俊（1912～2003）。元日産自動車社長。塩路一郎との徹底抗戦で知られる。

石原社長は、輸出担当役員だったころ、渡米時に現地ディーラーからトローリングに誘われて以来、それが趣味となり、自ら船舶免許をとってボートを購入し、神奈川県横須賀市にある佐島マリーナに係留していた。佐島マリーナは、ヨット好きで知られた俳優の森繁久弥氏が開設したヨットやボートのハーバーで、日産が共同経営に参加し、その後、森繁さんが手を引いて、当時は日産が全面的に経営していた。

その佐島マリーナでの石原社長と塩路一郎とのやりとりが、こう記されている。

塩路君は私の社長就任当初、佐島マリーナの私のボートに訪ねてきたこともある。「石原さん、私を使ってください。賃金も販売や部品の連中も、私に任せてくれれば、経営は楽ですよ」。私には彼の言葉が、ファウストへのメフィストフェレスの誘惑のように聞こえた。川又さんや岩越さんもそんな約束はしていないだろう。しかし、事実上そうしたギブ・アンド・テイクの関係ができていた。もちろん、私は彼の誘いには乗らなかった。そんな約束は経営権の放棄に等しい。

メフィストフェレスとは、ドイツの劇作家ゲーテの代表作の戯曲『ファウスト』のなかに出てくる悪魔だ。メフィストフェレスは主人公のファウストとの間で、死後の魂の服従を交換条件に、現世で人生のあらゆる快楽や悲哀を体験させるという契約を交わす。

身長が一七八センチと長身でこわもての石原社長に対し、塩路一郎は一六〇センチと小柄でぽっちゃりとした顔つきだが、「オレと握れ」と迫るその姿がメフィストフェレスに見えたのだろう。その誘いを断ったところから、両者の決裂は始まった。

『私と日産自動車』の加筆部分の実に六割は労使関係の記述に割かれている。

私は日産自動車の社長を務めた八年間、エネルギーの六、七割を労働組合の問題に費やさざるを得なかった。

日産についに登場したパワーエリート

石原社長は東北帝国大学法文学部の出身で、高校に続き、大学でもラグビー部に入った。「骨太な体躯」はラグビーによって鍛えられたものなのだろう。ラグビーについて、著書で次のように記している。

学生時代にラグビーをやったことは私の人格形成に大きく影響したと思う。「フェアプレー」と「フォア・ザ・チーム」が私の行動を規定している。曲がったことはしたくないとか、一度決めたことはみんなで守ろうとか、仲間でサークルを作ったらできるだけ続けようといったことだ。肉体的、精神的な苦痛を耐え忍ぶことも学んだ。

入社したのは、日産が設立されて四年後の一九三七（昭和一二）年。振り出しは、日本初の量産自動車工場である横浜工場に隣接した本社事務所の経理部だった。

原価計算の仕事に携わり、ストップウォッチ片手に工場へ足を運んでは、どの部品をつくるのに、どの工程で何分かかるかを実測して、コスト管理のデータをとったりと、その原点は工場にあった。

三六歳で経理部長となり、四二歳で取締役に選任された。三年ほどして、一転、輸出担当となった。昭和三〇年代初めで、日本車の輸出は本格化しておらず、輸出部は十数人の小部隊だった。

輸出の最大目標を自動車王国の米国に定めると、一九六〇（昭和三五）年、現地法人の米国日産自動車をロサンゼルスに設立し、自身が社長となり、東京を拠点に長期出張を繰り返しながら指揮をとった。立ち上がりは赤字続きで苦労の連続だったが、四～五年で事業を軌道に乗せた。

さらに、メキシコ、アジア各国などで事業を広げ、日産の自動車輸出は一九六二（昭和三七）年に日本メーカーで一位となり、断然トップの年が続いた。ただ、このとき、欧州の主要自動車生産国の市場は開拓できなかったことが、「社長になってからの私の欧州戦略に影響したかもしれない」と本人は記している。

その後、一転、国内営業担当になり、一九六六（昭和四一）年に発売した大衆車サニーの販売に全力を投入した。

当時の役員たちのなかで、押しも押されもせぬ豪腕の実力派、すなわち、パワーエリートだった。川又社長が一九七三（昭和四八）年にトップの座を岩越副社長に譲り、会長になると同時に、専務から副社長に昇進する。職掌は「社長補佐、事務部門統括、調査部、宇宙航空部及び繊維機械部担当」と幅広かった。

ただ、手がけたのはいずれも周辺事業であり、われわれから見ると、実力派ゆえに、川又―岩越ラインから遠ざけられたようにも思えた。

岩越社長に代わって社長に就任した経緯については、自著で「川又克二会長の部屋に呼ばれ、『岩越君に副会長になってもらうから、君が日産自動車の社長をやれ』と言われた」「副社長は事務屋のわたしと技術屋の佐々木定道君（注…その後、富士重工業＝現・ＳＵＢＡＲＵ＝の社長として転出する）の二人で、川又さんも最後までどちらにするか迷ったようだ」と記している。

川又会長が石原社長を後継に選んだ理由はよくわからないが、日産にとっては最良の選択、すなわち、救いであったことは間違いなかった。

各工場を回り、直接社員に語りかける

石原社長が掲げたのは「活力ある職場づくり」の方針だった。

就任翌々月の八月下旬から一カ月かけて、国内のすべての工場・事業所、三三カ所を巡回し、日産の全従業員に自分の考えを直接伝えようとした。メーカーでは、経営トップが現場の人たちと顔を合わせる機会をもつことが大切だと考えていたからだ。

横浜工場を皮切りに、追浜、栃木、座間、吉原、村山、九州と回る。どの工場でも、昼間勤務者向けと夜間勤務者向けに話をした。部課長懇談会も開き、現場でのアイデアや不満を聞き出そうとした。

九州以外は日帰り。相当ハードなスケジュールで、炎天下に工場を回ったあと帰りが夜遅くなり、帰宅途中で車を止め、秘書とファストフード店で空腹を満たしたりすることもたびたびだったようだ。

石原社長のこの工場巡回に労組は猛反発した。それまでの労使関係のもとでは、経営に関することも、労組を通じて従業員に伝えられるという奇妙な慣行ができあがっていたからだ。実際、日産では経営トップどころか、工場長でさえ、従業員を集めて直接話すことはほとんどなかった。

最初に横浜工場に赴いたときには、その日のうちに、労組から社長室に抗議の電話が入り、工場巡回の事前協議を要求してきた。しかし、石原社長は「社長が社員に話すのに組合の許可がいるなんて、そんなバカな話があるか」と一蹴し、巡回を続けた。事前協議を行ったら、労組側は訪問を拒否しただろう。

工場巡回による社長からの初めての直接の語りかけは、「今度はどんな社長だろう」と思っていた現場の従業員に大好評を博し、石原人気は一気に高まり、それがまた、塩路一郎の神経を逆なでした。

この工場巡回について、自身は著書でこう記している。

塩路君が恐れていたのは、社長である私が彼を介さずに組合員と接することで、労組の求心力が弱くなることだっただろう。私はそれを狙って全国を回ったわけではないが、従業員は社長が全国の工場を回るというので喜んだ。塩路君にとっては、私は秩序の破壊者だった。彼の目には、私が天敵のように映ったに違いない。

この「塩路君」という呼び方について、ちょっとしたエピソードがある。

石原社長は自分のほうが年長であり、社歴も長いことから、「塩路君」と呼んでも礼を失しているとは考えなかった。不満だったのが塩路一郎だった。あるとき、「社長と自動車労連会長は同等なのだから、『塩路会長』とか『塩路さん』と呼ぶならわかるが、君づけするとは、どういうつもりだ」

と憤懣《ふんまん》やるかたない様子で組合関係者に語ったという。

塩路一郎は、自分は社長と対等であること、大きな力をもっていると誇示することに徹底してこだわった。労使関係の公的な場にも遅れてくるのが常習で、上着を着た経営陣が席に着いているところへ、ネクタイを緩め、上着を肩に担いで入ってきて、「遅れて失礼しました」のひと言もなく悠然と席に着く。

石原社長を実に五時間も待たせたこともあった。社長就任直後、自動車労連会館で労使のトップ会談が午後六時からセットされた。塩路一郎が会館に姿を見せたのは夜の一一時。その間、石原社長は銀座の日産本社社長室で辛抱強く待った。

いずれも、塩路流のパフォーマンスだったのだろう。


そんな塩路一郎から見て、労組の既得権を打破しようとする石原社長は、まさに、ともに天を戴くことのない宿敵に見えただろう。

石原社長は特に強硬な労働政策をとったわけではない。トヨタでも、本田技研工業（以下、ホンダ）でも行われている日本企業の普通の労使のあり方を求めただけだった。しかし、当時の日産ではその普通が通用しなかった。

以降、労組は石原政権への反感を強め、経営への執拗な妨害や非協力、すなわち、〝嫌がらせ〟を始めるのだ。

2　戦う石原社長、立ち上がらない役員陣

戦う社長への陰湿な経営妨害

労組による経営の介入や妨害はさまざまなかたちで行われた。

日産は国内シェアではトヨタの後塵を拝していたが、トヨタが海外展開に消極的だったことから、石原社長はトヨタとの競争上、海外投資を進め、グローバル戦略で先行する戦略を立てていた。

なかでも輸出担当役員のころから目をつけていたのが欧州市場だった。

一九七九（昭和五四）年、イタリアのアルファロメオとの合弁会社設立や、スペイン最大の商用車メーカー、モトール・イベリカとの資本提携のプロジェクトを進めた。

従来、海外プロジェクトは労組の事前承諾を得て着手していたが、石原社長は「これは経営判断に属す」として、事前協議なしで推進した。これに対し、「労組を無視した」として、労組は担当社員の海外出張にストップをかけてきた。組合員の海外出張は事前協議の対象になっていたからだ。そのため、プロジェクトは部課長だけで担当するしかなかった。

また、当時、日本車は世界的にも売れに売れて、一台でも多く生産することが利益につながり、各社とも労組の協力を得て、目一杯の残業・休出体制を組んでいたが、日産だけは違った。

会社側からの増産のための再三再四の残業・休出要請に対し、労組側は徹底して事前承認を拒否。その結果、生産体制は硬直化し、増産ができずに販売機会の喪失を招いたことは数限りがなかった。たとえば、同じ一九七九（昭和五四）年の夏、日産のグループ会社の愛知機械工業が生産したバネットという小型ワゴン車がヒットした。それまでこの市場はトヨタの独壇場だったが、日産がこれを抜く勢いにあった。

そこで、愛知機械工業の経営陣だけでなく、同社の労組も、加盟していた自動車労連に対し、休出の許可を再三申請したが、会長の塩路一郎は耳を貸さず、残業も「ひと月に二直しかしてはならない」と厳命した。

「直」とは、日産では勤務の単位を示した。残業がひと月に二直とは、二回だけに限定するということだ。グループ会社労組の要請までも拒否して、経営を妨害しようとしたわけだ。

愛知機械工業の労組はやむをえず、自動車労連に内密で、夏休みに二日間休出し、四直（昼勤務＋夜勤務の二直×二日間）で経営陣の増産要望に応えた。

同じ年の一〇月、自動車労連の定期大会が開催されたが、会長の指示により、運動方針書に「時間外労働は月間三〇時間を限度とすること」と「月次有給休暇の計画的取得」が盛り込まれた。

いまでこそ、働き方改革の一環で残業規制が叫ばれるようになったが、これは残業が当たり前だった一九七〇～八〇年代の話だ。社員やその家族にとっても、残業手当や休出手当は大きな収入源となっていた。

これに対し、この運動方針書は「残業するな」「休出するな」を意味した。月次有給休暇の計画的取得も、その実態は組合員を指名して、「有給休暇が残っているから」と、強制的に休ませるものだった。

翌一九八〇（昭和五五）年の前半は各メーカーとも車の販売が好調で、日産も増産を迫られ、会社側は自動車労連に休出を要請したが、労組側は「月間二回」までしか認めず、それを超える休出要請には頑として応じなかった。その間、他のメーカーは休出に次ぐ休出を実施し、シェアを拡大していった。

表向きは現場の組合員のゆとりをとり戻すことを装っていたが、ねらいは業績にブレーキをかけ、石原社長を経営の舞台から引きずりおろすことにあった。

生産性の向上についても同様だった。P３運動の名のもとで、生産性向上の施策が拒否される事態がたびたび起きた。

たとえば、最新鋭の工作機械が入った工場では、無人による連続自動運転が可能だった。そこで、昼休みの一時間も無駄にせず稼働させれば、その分生産性があがる。しかし、従業員の負担増に結びつかない要請さえも、労組は認めようとしなかった。

役員たちはみな傍観していた

塩路一郎の意向によって会社全体が蹂躙されている現状に対し、石原社長は「経営への労組の介入は絶対に許すまい」と立ち上がった。しかし、役員たちのなかで、既存の体制に異を唱えたのは、石原社長一人だった。

役員には塩路派の人間が少なからずいた。人事担当のK常務が、新任課長研修で「労使関係について」と題して行った講話の文字起こしが残っている。人事部門はもともと塩路寄り、労組協調派だったが、その講話のなかで、K常務は石原社長と塩路会長の関係について次のように話している。

まあ、今の労使対立というのは、石原社長と塩路会長との間がうまくいっていないというか、そういうアレでして、まあ、社長は労働組合の役割を割合狭く考えておられるというところがありまして、これに対して相手はそうではないというか……。

（中略）

もう少し、お二方の偉い人の呼吸が合ってくれないと困ると思います。それぞれの世界で超一流の人物が手を組めば、日産の将来は大変明るいと思うんですねえ……。

（中略）

これはトップ同士の争いなわけですから、労使関係が良くなるように、それぞれの立場で努力する問題があると思いますので、よく考えてもらいたいと思います。

このK常務の講話に対する新任課長たちの感想も合わせて残っている。いずれも、冷ややかな目で見ている。

常務のスタンスはあまりにも第三者的、評論家的だ。自分の立場を意識的に曖昧にしている。

これでは常務は我々に対して極論すれば「社長について行く必要なし」と言ったに等しい。

塩路派に限らず、役員たちの多くは、労使対立を石原社長対塩路会長の「トップ同士の争い」と傍観し、表だって動いて、ともに戦おうとはしなかった。

石原社長の側近であるはずの購買担当のL副社長でさえ、「石原さんも下手だね。塩路君とは、相手の懐に入って、うまく使えばいいんだよ」「長いものには巻かれろっていうのも一つだよ」と裏ではいい出す始末だった。

役員たちは御身大切で、腰を低くして塩路一郎の機嫌をうかがうありさまだった。

この時期、飛躍的に成長を続ける日本の自動車会社では、各社ともに独自の企業体質や企業カラーが次第に生まれていた。

トヨタは企業理念に「よい品《しな》よい考《かんがえ》」を謳い、効率至上経営を標榜していたし、後に世界的に有名となる「かんばん方式」の原型をつくりつつあった。二輪から四輪への脱皮を目指すホンダは、本田宗一郎のリーダーシップのもと、開発型企業の企業カルチャーを目指し、「技術の前に上下なし」をスローガンに掲げた。

対する日産は、どうだったか。

川又―塩路体制では、テーブルの下ではときに足の蹴り合いがあっても、テーブルの上では手を握っていた。こういう体制が長期間続くと、組織はそれに慣らされて、あるべき姿を追求するというよりも、いかにその枠組みに日常の管理体系を順応させるかが優先事項となり、自浄作用を失ってしまう。「労使協調」の名のもとでの労組への妥協が、役員といわず、社員といわず、日産の隅々まで染みわたって、その思考と行動を決定づける価値観となり、生活習慣となっていった。

したがって日産には、とり立てて企業理念として世の中に示せるものはなく、きわめて内部的な特質として、「労使協調」の四文字が企業を表現する言葉となっていた。

それが石原社長の登場によって、目の前の風景がガラリと変わったが、役員も、部課長も、多くの社員も頭の切り替えができなかった。

当時の歯がゆい思いを、石原社長は著書でこう回顧している。

労組の理不尽な要求や妨害をはねつけること自体が、私が社長になる前にはなかったことであり、それに要するエネルギーは膨大なものだった。ただ、はねつける以上のことまではできなかった。リーダーシップが問われるだろうが、大きな組織では、社長一人では何もできない。

労組を改革するといっても、日産という会社の風土がそういうものではなかった。育ちがよく、スマートだが、従順でおとなしい。組織が大きくなり、官僚主義がはびこり、長いものには巻かれろ、という感じになる。塩路君という非常に強烈で個性的な組合指導者に、多くの社員が従ってしまう。もちろん、おかしいと思いながら、抵抗せずに従う。日産はそんな村落共同体だった。管理職人事にまで労組が口を挟み、人事担当者も言いなりになっていた。役員だけでも結束すれば、何かできたはずだが、長年にわたって塩路君が構築してきた権力基盤は強固で、彼の顔色をうかがう役員も少なくなかった。

このとき、石原社長は、自身がたった一人ででも、塩路体制と戦う構えを見せたことで、少数だが心ある社員たちが一筋の光明を見いだしていたことを知らなかった。

3　浮かび上がった「金と女のスキャンダル」

地下活動を開始する

石原社長の登場に先立つ二年前、わたしは生産管理部から広報室に異動になり、三年ほどして、諸官庁、政府諸機関、自民党との窓口役となる広報室渉外課長に三七歳で昇進していた。

広報室は、社長との距離が近いセクションであったから、石原社長の一挙手一投足の情報を入手できると同時に、会社の全体の動きを俯瞰することができた。

「経営権は経営側にある」「会社が組合経営になってしまってはおしまいだ」と唱え、経営の自主性をとり戻して、新しい労使関係を打ち立てようとする社長が登場しながら、動かない役員、社員たち。攻撃姿勢に転じ、陰湿な妨害を続ける塩路率いる労組。生産性は低落し、競争力で競合相手に水をあけられるばかりだ。このままでは本当に会社が危ない。

しかし、石原政権のもとでなら、塩路体制と戦い、歪んだ労使関係を正常化できるかもしれない。立ち上がるには、いまをおいてない。わたしは志をともにする仲間たちとともに、打倒塩路体制に向け、地下活動を開始した。石原政権が発足して、三年目の一九七九（昭和五四）年のことだった。

メンバーは広報室から六名のほか、わたしの古巣の生産管理部からも二名が参加した。いずれもわたしがオルグした面々だ。

広報室は、自社を外から客観的にとらえることのできる部署であり、労使関係に対する問題意識が高く、他の部署より比較的アンチ塩路色が強かった。また、生産管理部も生産現場で労組の妨害にあっていたため、反塩路的な空気があった。

そんななかで、わたしが声をかけた七名は、いずれも強い志のもち主だった。

広報室の石渡保文さんは、わたしと同じ早大商学部出身。入社は三年先輩で、年齢は四歳上で最年長だった。ものごとを冷静沈着にとらえる理論派で、対外的な広報資料などを作成する管理課の課長として、日産の現状を大局的にとらえ、わたしによくアドバイスしてくれた。

同じく広報室の岡原正朋君は、わたしと同期で東大法学部出身。石原社長が副社長時代、その秘書を務め、間近で手腕を見続けた。辻堂の社宅にわたしと同じ時期に住んでいたことがあり、毎日、東海道線で一緒に通いながら、会社の現状について語り合った。正義感の強い男だった。

勝田一郎君は石渡さんの部下で、早大商学部出身。入社は四年後輩、年齢は六歳下でメンバーのなかでも最年少だった。わたしと同様、入社式のときから、開会時間を三〇分も過ぎているのに、労組のトップが遅れて到着するのを川又社長が座って待っている光景に驚き、「この会社は変だ」と感じ、以来、日産の労使関係に疑問を抱き続けてきた。

本社の生産管理部にいた脇本省吾君はわたしと同期で、東大経済学部出身。中学時代のこんなエピソードを聞いたことがある。生徒会長でありながら、男子全員が丸坊主にしていたなかで、ただ一人髪を伸ばしていたところ、校長から髪を刈るように求められた。脇本君は、生徒手帳にはどこにもそんな規則が書かれていないことを理由にこれを拒否し、最後は「校長も丸坊主にするなら自分もする」といっていい負かした。

子どものころから、相手が誰であろうと臆せず、よいことはよい、悪いことは悪いとはっきり意見を述べる「直言居士」の資質があったのだろう。日産に入社してからも、労組の役員たちに対し、直言居士ぶりを遺憾なく発揮していた。と同時に、戦略的な思考にも長けていた。

ほかに、広報室からF・YとO・T、生産管理部からS・Yが加わったが、出身部署が限られたのは、絶対安全なメンバーにしなければならなかったからだった。


われわれは素人集団だったが、心意気だけは軒昂《けんこう》だった。

「ならぬことはならぬものです」。これは会津の人たちが、会津藩の時代からいまも大切にしている言葉だ。「曲げてはならないことは、曲げてはならないものです」という意味だと、歴史好きのメンバーの岡原君が会合で披露した。この言葉は、その後、大河ドラマ「八重の桜」に登場して一躍有名になった。われわれはわずか八名の小さな集団だったが、その立党の精神には、ぴったりの言葉だった。

本来、日産にも「経営は経営らしく、組合は組合らしく」という精神が、「曲げてはならないもの」としてあったはずだ。しかし、日産自動車、部品会社、販売会社、合わせて二三万名の組織の上に、塩路一郎率いる労組、まさに塩路労組が重いシーリングとして覆いかぶさり、あたかも〝収容所群島〟と化していた。

「もう一度、われわれの手であるべき姿をとり戻すのだ！　日産に入って、こんなおもしろいことに出あったのは初めてだ。やってやろうじゃないか！」

脇本君が発した言葉がメンバーたちの気持ちを代弁していた。

マル秘の「塩路会長ファイル」

同志は集まったが、われわれはまったくの徒手空拳だった。ただ、広報室に移って驚かされたのは、入ってくる情報の質と量の違いであり、情報という武器はあった。そこで、わたしが地下活動のモデルにしたのが、戦後の西ドイツ（その後東ドイツと統合）の「孤高の検事フリッツ・バウアー」の地道な情報収集活動だった。

第二次世界大戦中、ナチスは「民族浄化」の名のもと、膨大な人数のユダヤ人をアウシュビッツ強制収容所に移送し、絶滅政策（ホロコースト）を行った。その大量移送にかかわった中心人物であるナチス親衛隊将校アドルフ・アイヒマンは、戦後、海外に逃亡していた。そのアイヒマン追跡を始めたのが検事フリッツ・バウアーだった。

戦後の復興のさなか、ドイツ国民の心情は過去を暴くことをよしとせず、忘却を望む空気が横溢していたが、「これからの若い世代のためにも、過去のナチスの犯罪から目を背けたらドイツの尊厳はない」との信念のもと、バウアーは同志とともに立ち上がった。そして、どこにいるともわからないアイヒマンに関するどんな小さな情報でも、見逃さず、ファイルに綴じていった。

当時のドイツの司法界には、依然、隠れナチスが多く存在していた。ナチスの戦争犯罪は、戦後のニュルンベルク国際軍事法廷で追及されたが、なぜか、ユダヤ人絶滅政策については、徹底的な訴追がなされなかったからだ。バウアーの上司も、上級官庁のトップも、元親衛隊幹部だった。

常に監視の眼が光るなかで、バウアーたちは徹底した秘密活動を続け、ジグソーパズルのように、ピースを一つ一つ集めていった。最初は穴だらけだったものが、数年かけて次第にかたちをなし、ついにアイヒマンが南米アルゼンチンに隠れ住んでいることを突き止めるのだ。

われわれも情報収集から着手し、一つ一つピースを集めよう。そのピースが武器になる。表向きの顔である広報室員の立場を使い、マスコミや社内から、打倒塩路の目論見《もくろみ》がわからないように、塩路一郎という人間に関連するあらゆる情報を聞き出す活動を始めた。

わたしがマル秘の「塩路会長ファイル」をつくり始めたのもこのころからだった。

われわれは情報を集めては、秘密裏に会合を開き、ファイルを積み上げていった。

ねらいは相手の弱点を握ることだった。それは、塩路自身が日産の人間を籠絡する、あるいは、追い落とすときに使う手にほかならなかった。

新聞記者には、塩路一郎に理解のあるものも少なからずいたが、その言動に眉をひそめるものもいた。その両方から、労働界、政界での権力者としての立ち居振る舞いや人脈情報も入ってきた。

一方、親しくなった週刊誌記者からもたらされたものは、社内にいたらとても得られない情報であり、それらをまとめていくと、並はずれた〝労働貴族〟としての生身の姿が少しずつ明らかになっていった。

そこから浮かび上がったのは、「金と女のスキャンダル」にまみれた権力者のもう一つの素顔だった。

三五〇〇万円のヨット

いったい、どこから金が出ているのだろう。

情報を集めれば集めるほど、わいてきたのは、金にまつわる疑惑だった。

品川区荏原に建つ自宅は7LDKの鉄筋コンクリート造の戸建てだ。

税務署に申告した課税所得額は、一九七八（昭和五三）年度一二〇七万五〇〇〇円、七九（昭和五四）年度一三八七万九〇〇〇円、八〇（昭和五五）年度一五八六万四〇〇〇円。一九五三（昭和二八）年の入社で当時五〇代前半。同世代の日産社員よりはるかに高い年収を得ていた。

自宅の建築費用について、自身は雑誌のインタビューに対し、「あの家は組合からもらう給料では建ちません。日産入社以前に電器屋の仕事で稼いだカネを母親が貯金してくれていたのです」と答えているが、にわかには信じられなかった。

趣味はヨットだった。佐島マリーナに係留していた本人が所有する「ソルタス三世号」について、塩路会長ファイルから情報をピックアップしてみよう。地下活動では「塩路一郎」を、もっぱら頭文字をとって「S」と符丁で呼んでいたので、ファイルでもその表記になっている。また、登場する固有名詞も一部、変えてある。

船名　SOLTASⅢ　Sにとっては3度目の船。

全長　40フィート（約12m）　このクラスは日本に20艇あるかないかの大きさ。係留港の佐島マリーナでは最大の艇。クルーが7名いないと動かない。
進水　昭和52年　油壺のマリーナのシーボニアで進水。艇が大きいのでシーボニアでしか進水できなかった。
船価　船体艤装一式3500万円。Sは持ち株を全部売って船を買ったと言っている。労組委員長が3500万円もの株を持っているというのも、他ではあまり聞かれない話である。
その他　クルーはいつ何時でも命令一下、直ちに参集するようになっている。つまり、クルー以外の仕事は普段はまともにしていない。

佐島マリーナのロビーに掲げられたオーナー名掲示板には、塩路一郎と書かれたネームプレートがぶら下がっていた。ヨットの専属のクルーについてのメモもある。冒頭の数字は日付、「I氏より」は情報提供者を示す。

55・5／18　I氏より　クルーメンバー
K井―日産労組専従
H見―機関工場係長
K指―マリーン部

F本──運転手
T淵──プリンス神奈川・横須賀（営業所）
N本松

メモに出てくる「K井」は日産労組書記次長だ。

塩路一郎の誕生日は一月一日。毎年、ヨットでお祝いのパーティが盛大に開かれ、人事担当役員のK常務も必ず駆けつけなければならなかった。

問題は三五〇〇万円もの費用をどのように捻出したかだ。本人は持ち株を売ったと語っていたが、マスコミの取材によって、答え方が違っていた。

わたしの塩路会長ファイルには、所有する二カ所のゴルフ会員権の情報も記載されている。会員権相場はそれぞれ、一三五〇万円と二九五〇万円で、合わせて四三〇〇万円。この費用の出所も不明だった。

塩路一郎は、一九九五（平成七）年二月から、「文藝春秋」誌に「日産・迷走経営の真実」と題した手記を三回にわたって連載しているが、ヨットの所有について、「労組幹部が貴族的でなぜいけないのか」と次のように語っている。


労組幹部が清貧に甘んじなければならないという日本の労働観に正当性があるとは思えない。労使が対等の立場であるならば、私生活についても対等に評価すべきである。

私生活のことを言って恐縮だが、石原氏は釣りのトローリングが趣味で、大海原にクルーザーで繰り出し、カジキマグロと格闘している氏の姿が、週刊誌のグラビアで数ページにわたって紹介されたことがある。これを分不相応な趣味と批判した人がいただろうか。

ヨットはあくまでも個人の趣味の問題で、それをもってして労組幹部の資格なしとするような考え方は改めてしかるべきものだといまでも考えている。

ヨットは確かに「個人の趣味の問題」だが、問題は購入資金の出所だ。この手記では、持ち株の売却ではなく、「原資はゴルフ場の会員権を売却するなどして得た」に変わっていた。

夜の飲み代は取引先にツケを回す

毎晩の夜の豪遊の費用の出所も疑問だらけだった。

ファイルには、塩路一郎がよく通っていた高級クラブや高級料理店も、銀座六軒、六本木二軒、横浜一軒、名古屋一軒がリストアップされている。そして、次のようなメモ書きが付されている。

会長交際費　労連の経理帳簿には「会長交際費」の欄があり、ばく大な額の金額が記入されている。支払先は30～40軒に及ぶ。その中でも六本木の1軒には数千万円のオーダーで支払われている。

自動車労連の年間予算は約一六億円、組合基金は約二六億七〇〇〇万円の規模であり、そこから相当高額の「会長交際費」が出ていたと思われるが、会計報告では表に出ることなく処理されていた。自動車労連には経理担当者、いわゆる「金庫番」の女性がいて、長年かわることはなかった。このほか、取引先の部品メーカーにもツケを回していたと思われる。ファイルには横浜工場長から聞いた話のメモがある。

59・9・20　U工場長と懇談（PM6－9）
ある部品メーカーの社長がSと飲んだ。Sの知っている店で飲んだのだが、Sがこの店を使って下さいよといった。いいですよ、といったら、600万円の請求書がきた。そのメーカーの社長がどうしようかときくので、キミがいいですよといったのだから、仕方ないじゃないかといった。払ったのではないか。

日産の取引先には、初代のときは町工場の規模だったが、日産の伸長とともに成長を遂げ、二代目が跡を継いでいるようなメーカーも数多くあり、そのなかには「塩路会長についていれば会社は安泰だ」と考え、とり巻きになる二代目社長も少なからずいた。

塩路関連の夜の遊興費の一部は、そうしたメーカーも負担していた。

また、塩路一郎は一年の半分近くは「出張」名目で海外へ出かけていたが、その都度、部品メーカーから一定以上の金額の「餞別」が贈られていた。以下は、米国出張に関して、現地社員から収集した情報のメモ書きだ。

Ｓは米国出張時のホテル代、遊び代は全部ＮＭＣ（注…米国日産）負担。当然、Ｓには労連から出張費が出ているだろうから、Ｓは両どりだ。

Ｓは米国で会議出張といって来ているが、会議には殆ど出ていない。昼間は寝ていて、夕方起き出して遊びまくっている。

ＮＭＣが接待でＳのため、うまい高級レストランをセットしたが、Ｓは今夜はサンマが食べたいというので、急きょサンマ屋を探した。勝手放題。

米国に来るとブランデーのほうじ茶割りを要求する。ほうじ茶がないのでＮＭＣの社員はほうじ茶さがしにかけずり回る。○○ＶＰ（注…副社長）は、ほうじ茶を探してくれ、そうしないと××社長にキズがつくといって買いに行かせた。

これらの金にまつわる情報は、〝たかり体質〟が定着し、それが桁外れの労働貴族の生活を支えていたことを示していた。

女性スキャンダル

お金にまつわる話以上に、塩路一郎という人間のきわだった性向を物語ったのは、何人もの女性との特別な関係についての情報だった。

塩路会長ファイルのなかに「女性関係（カネがからむので記述する）」との見出しがついたページがある。塩路一郎の「女性遍歴」について、「第三者によって裏付けられているものだけでも次のリストができる。女性との関係維持にかなりのカネを使っている。どこからそんなカネがでるのか。自分のカネではあり得ない」とのメモ書きつきで、九人の女性の名前が並んでいる。

神楽坂の芸者、有名劇団の女優、銀座のクラブのホステス、ロサンゼルスのピアノバーの歌手、ホステス。このうち、ピアノバーの歌手、ホステスについては、より詳しい情報が載っている。一人目はS・Kといった。

55・11・28　from 奥（注…情報提供者）

NMC（注…米国日産）におけるS

ロスのクラブ「コーキーズ」（高貴をもじったもの）でピアノを弾いていた韓国生まれの女性（当時22～23歳、国籍不明）をSは見染め、日本で〝ピアノの学校に連れて行ってやる〟〝スターにしてやる〟と口説いて日本に連れていった。日本に住まわせた。2～3年前のこと。その女性は今は口スに帰ったという。ＮＭＣでは有名な話。

別のメモ。

54・12・11　ｆｒｏｍ岡（注…情報提供者）

53／12〜54／8の間、Ｓは六本木のマンションをＳ・Ｋのために借りた。自ら下見。12万円の部屋を10万円で借りた。

そのマンションはＡ自動車社長Ｗ・Ｋの所有する15番目のマンション。名刺にＳの名前があることを知ったＷ社長はＳに連絡。そこではじめてＳはＷ社長のマンションだと知った次第。

このことは側近は殆ど知っている。引越の手伝いをさせられている。ピアノを運んだ。はじめの頃、Ｗ社長はその女性をＳの彼女だと言いふらしていたが、そのうち、あれは黙っていてくれと言うようになった。Ｓにきつく叱られたからだ。

Ｓ・Ｋが勤めていたピアノバー、コーキーズについては、当時カリフォルニア在住のノンフィクション作家、石川好氏に調査の依頼をしたことがあった。

石川さんとはまったく面識がなかった。カリフォルニア在住の日本人はほかには知らない。ロサンゼルスには米国日産のオフィスがあったが、社員にそのようなことを頼むのは危険きわまりなかった。

わたしは、自己紹介と日産の現状を説明する長文の手紙を書いて、その著書『カリフォルニア・ストーリー』（中公新書）の巻末に記されていた石川さんの住所宛てに送った。見ず知らずの人間からの勝手な頼みを聞いてくれるとは思えなかったが、塩路関連のスキャンダル情報を少しでもほしかったわたしとしては、ワラにもすがる思いだった。自分の家族のことも綴り、家族との写真も同封した。写真を見れば、こちらの気持ちを多少とも信じてくれるのではないかと思ったからだ。

予想に反して、石川さんはわたしの頼みを快く引き受けてくれた。現地まで足を運び、いろいろと情報を送っていただいた。それは本当にありがたかった。

自分の目でも確かめようと、渡米の機会をなんとかつくったこともあった。たまたま、JETRO（日本貿易振興機構）が日本の各企業に呼びかけて、米国企業調査団を募る計画があるという話が流れてきた。会社の了承をとってこれに応募し、一週間の予定で視察の旅に出た際、ロサンゼルスで一日、自由行動の日があり、夕方、コーキーズに出かけてみたのだ。

このときのわたしのロスでの動きも、米国日産の社員から日本の塩路一郎に通報されていたことが後に判明する。

わたしが地下活動部隊の結成を呼びかけたころから、わたしは日ごろの言動から組合にマークされているであろうことは予想していた。だから、会合も場所を転々と変え、足取りがわからないように細心の注意を払っていた。

しかし、米国日産にまで追跡の指令が下りていることは知る由もなかった。わたしの米国出張は、広報室以外は知らないことであったので、広報室のなかにも、通報者が配置されていることは明白だった。

塩路会長ファイルには、もう一人、やはりロサンゼルスのピアノバーのホステス、Y・Iの名前も登場する。Y・Iとは、S・Kが米国に帰国後、別のピアノバーで知り合ったと思われた。

わたしはY・Iが日本に帰国後、東京で働いているクラブの店名をつきとめて連絡し、会って話を聞いたことがあった。

店に電話をかける際、本名と本当の素性を明かすと、塩路一郎の側に伝わる可能性があるので、「フリージャーナリスト」を装い、「近々、自動車労連会長に関する本を出すので話を聞かせてほしい」と偽って取材を申し込んだ。

それらしく見せるため、タンスの奥に着ることもなくつり下がっていたヨレヨレのバックスキンのジャケットを着て出かけたが、彼女からはあまり決定的な話は聞けなかったと記憶している。

こうして収集していった女性スキャンダルの情報が、その後、われわれの戦いを大きく前進させ、新たな局面を切り拓くことになる。

第3章
古川幸氏の追放劇

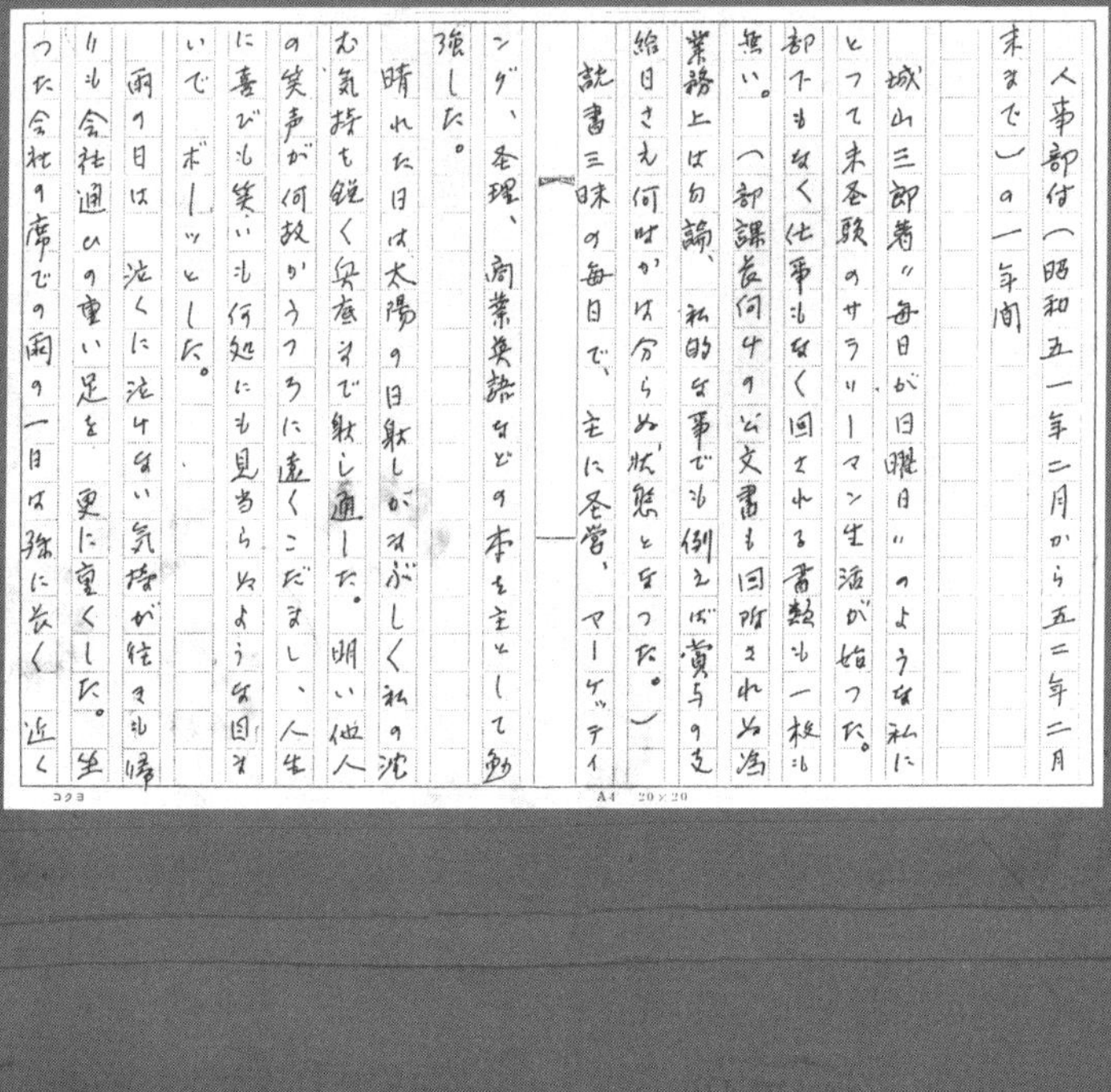
人事部付（昭和五一年二月から五二年二月末まで）の一年間

城山三郎著"毎日が日曜日"のような私にとって未経験のサラリーマン生活が始った。部下もなく仕事もなく回される書類も一枚も無い。（部課長向けの公文書も回附されぬ為業務上は勿論、私的な事でも例えば賞与の支給日さえ何時かは分らぬ状態となった。）

読書三昧の毎日で、主に経営、マーケティング、経理、商業英語などの本を主として勉強した。

晴れた日は太陽の日射しがまぶしく私の沈む気持も鋭く奥底まで射し通した。明い他人の笑声が何故かうつろに遠くこだまし、人生に喜びも笑いも何処にも見当らぬような目まいで、ボーッとした。

雨の日は、泣くに泣けない気持が往きも帰りも会社通いの重い足を更に重くした。生つた会社の席での雨の一日は殊に長く近く

コクヨ　A4　20×20

1 「塩路に逆らったら終わりだ」

深夜の立て看設置

地下活動を開始して二年目の一九八〇（昭和五五）年三月のことだ。『日産共栄圏の危機　労使二重権力支配の構造』（汐文社）と題された一冊の本が出版された。著者の青木慧氏はフリーのルポライターだった。

日産の関係者に取材して書き上げたこの本を手にとって、わたしは衝撃を受けた。そこには、広報室に来て五年のわたしもまったく知らなかった葬り去られた事実、著者の言葉を借りれば「抹殺された秘密」の数々が暴露されていた。

たとえば、部労組合長の軟禁・失踪事件だ。

部労は、日産圏の部品メーカーの従業員を組織した労働組合で、自動車労連に加盟していた。本が出版される一〇年ほど前の話だが、その部労の組合長が、組織ぐるみ選挙での違法活動の強要など、自動車労連からの理不尽な要求に耐えられず、脱退を決定したところ、自動車労連の手によって自宅で軟禁状態に追い込まれ、辞表を書かされた。

退職後も、自宅の表札が何度も捨てられるなど嫌がらせが続いた。再就職先を探そうにも、手助けをしてくれた人たちが「組合長のために動くとおまえのためにならんぞ」と脅迫される。本人ばかりか、生活のためにパートに出て働くようになった夫人にも見張りがついた。自分が自宅にいては、家族に何が起こるかわからない。

「ちょっと出かけてくる」といい残して妻子の前から姿を消した。「絶対にさがさないでほしい」との書き置きが見つかったのは、二カ月後。本が出版されたときには、まだ失踪状態が続いていた。


あるいは、市光工業問題。

市光工業は、日産圏の部品メーカーで構成される宝会のメンバー企業で、従業員約三〇〇〇人を擁した。ヘッドランプなど自動車用照明器の業界トップメーカーで、製品の約六割を日産に納めていた。

この市光工業も、石原政権が誕生して二カ月目に、自動車労連からの「圧政」をはねのけるため、脱退と新組合設立を決議した。自動車労連側は報復措置に出て、経営側に市光工業との取引停止を要求した。いわば兵糧攻めだ。塩路一郎は石原社長を出張先のロサンゼルスまで追いかけ、「なぜ市光を切らないのか」と詰め寄っていた。


社内ではおおっぴらには読めない。本社では誰もが机の下に隠しながら読んでいた。

われわれ地下活動のメンバーはすぐに行動を起こした。この本を現場の従業員に一人でも多く知ってもらい、読んでもらおう。本の購読を訴える立て看をつくり、深夜、横浜工場と追浜工場の門の前に設置し、ビラも工場のまわりに貼り出した。立て看は、早朝に出勤してきた従業員が見つけて組合に通報し、出勤時間前に撤去されたりもしたが、またつくり直しては設置した。

追浜工場の塀にビラを貼っていたとき、守衛に見つかって追いかけられたこともあった。もし、捕まって組合に引き渡されたら、日産でのサラリーマン人生は終わる。必死の思いで逃げ切った。

この本の有力な情報提供者の一人に、元豪州日産社長の古川幸《みゆき》さんがいた。

わたしはそれ以前から、地下活動で情報を収集するなかで、古川さんのことを知るようになっていた。塩路一郎の異常なまでの復讐心の的となったことで、日産での人生を奪われ、奈落の底へと突き落とされた経験の持ち主だった。

古川さんの息子さんも日産に勤めていた。わたしは息子さんを介して連絡をとり、面会を申し込んだ。そして、その地獄のような日々の話を聞き、塩路一郎という人間の恐ろしさに身を震わせることになる。

貴重な証言者

『日産共栄圏の危機』の出版から一カ月後の四月、横浜に住む古川さんから、落ち合う場所として指定されたのは、港の見える丘公園のふもとにあるバンドホテルのティールームだった。バンドホテルは昭和初期に建てられた木造二階建てのクラシックホテルで、平成に入ってとり壊されていまはない。

海岸通りを意味する「バンド」の名のとおり、ホテルの目の前には海が広がっていた。

わたしがティールームで席について待っていると、一人の年配の男性が観葉植物の間仕切りを隔てた隣の席に座った。葉っぱのすき間からわたしのほうをしきりに見ている。

と、やおら立ち上がり、わたしのほうに近づいてきた。

「川勝さんですか。古川です」

隣の席からわたしを観察していたのは、本当は塩路側の回し者ではないかどうか、怪しげな素振りはないか、確認したようだった。それほどまでに警戒心をもち続けていたことに驚かされた。

「お話を伺います」

古川さんに促され、わたしは感情の赴くままに話した。

いまの日産の労使関係は歪んでおり、その元凶である塩路一郎を倒したい。ただ、どんな人物かもわからなければ、どんな方法で倒せるかもわからない。何をどうすればいいのか、ご存じのことを教えてほしい。わたしは興奮のあまり、声がつい大きくなって、まわりに聞こえてしまうのを必死で抑えながら、自分の気持ちをそのまま伝えた。

古川さんはわたしの話を黙って聞いていたが、ややあって、口を開いた。

「わかりました。その続きはわたしの家で伺いましょう」

まわりの耳を警戒し、外では話せないことなのだろう。わたしは古川さんのあとについて、上大岡のご自宅へと向かった。

「いますぐ、ここに君の奥さんを呼びなさい」

港の見える丘公園から京浜急行日ノ出町駅まで歩き、五つめの上大岡駅で降り、七〜八分ほど歩いたか。その間、古川さんは、考えごとをしているのか、ずっと押し黙っていた。

それがご自宅に着き、玄関に入るなり、ふと振り返って強い口調でこう切り出した。

「石原さんっていう人は、おっかないことをやるんだね。君みたいな若い人を使うんですか。そんな危険なことをやらせるなんて、どういうつもりなんだ」

その眼差しは真剣そのものだ。わたしがびっくりして、「使うって……」と意味をつかみかねていると、「こんな危ないこと、君一人でできるわけがないじゃないか」とたたみかけた。

どうやら、わたしが石原社長の意を受けて動いていると思い込んだようだった。会社からの指示を否定し、自分の独断であることを伝えても信じられないようで、「そんなことないだろう」と怪訝そうだ。

「いえ、本当にわたしの一存で動いているんです。石原社長には相談したこともなければ、会ったことさえありません」

そう断言すると、古川さんはわたしを家のなかにあげ、血相を変えて警告し始めた。

「君、いますぐここへ奥さんを呼びなさい。君はいま、どんなに危険なことをやろうとしているか、わかっているのか。命にかかわることだぞ。絶対やっちゃいかん。すぐ奥さんを呼ぶから電話番号を教えなさい。君にやめるよう、奥さんから説得してもらうから」

妻を呼べと、古川さんがいったのは、わたしが行おうとしていることによって、家族も大変な思いをするようになることを、自身の経験から知っていたからだろう。

危険であることは、十分承知していた。妻からは「やめてくれ」と懇願された。それを押し切って戦いを始めた以上、敗れるわけにはいかないから、塩路一郎の人物像をよく知る古川さんを訪ねたのだ。

「いえ、やめません。やめるわけにはいきません」

わたしは自分の決意が固いことを伝えた。古川さんは繰り返し、繰り返し、翻意を求めたが、わたしは少しもゆるがなかった。

すると、家の奥で聞いていたのか古川さんの奥さんまで出てきて、「川勝さん、絶対やってはいけません。主人がどれだけ大変な思いをしたか、ご存じですか」と、これまで起きた出来事をとつとつと語り始めた。

古川さんは以前は豪州日産の社長を務めていた。たまたま、移動特派員として来豪した新聞記者が取材のため訪ねてきたとき、自動車労連会長の話題になった。古川さんはかつて日産労組の結成にかかわったことがあり、塩路一郎について若いころから知っていた。間近で見ていたものとして、何気なく、「あれはたいした人物ではありませんよ」と漏らした。

ここから予想外の事態が始まる。まもなく、豪州日産社長の職を解かれ、帰国命令が下った。一九七六（昭和五一）年二月のことだ。

日本で待っていたのは、「人事部付」の辞令と人事部の部屋に置かれた机一つだった。

仕事はいっさい与えられない。朝出社しても、誰からも声もかけられず、誰とも話さない。部内では、古川さんとはひと言も口を利くなとの指示が出されていた。

そして、何をするともなく時間だけが経過し、夕方になると退社する。そんな組織ぐるみの〝村八分〟の日々がひたすら続いた。

その処遇は秘密事項とされ、誰もその異常さに異を唱えようとはしなかった。

やがて、精神状態が不安定になったのだろう。帰宅後、夕食時、テーブルの角に額をガンガンと繰り返しぶつけ、血が流れてもぶつけ続けた。それはまるで、自ら命を絶とうとしているかのようだった。

「そういう主人の姿をわたしは見ているんです。組合に刃向かうと、どんなに大変なことになるか、川勝さんはわかっているのですか。絶対にダメです。お願いですからやめてください」

奥さんは悲しげな表情さえ浮かべている。夫の苦しみと同じ苦しみを味わったのだろう。わたしはその顔を真正面から見ることができなかった。

「もうやると決めました」「決めた以上、やります」

夫妻から必死の説得を受けても応じるわけにはいかなかった。

どれだけ時間がたったただろう。いつのまにか時計の針は夜の一二時を回り、終電はなくなっていた。

「今晩は泊まっていきなさい」

古川さんの言葉に甘え、母屋の横に建つ離れに布団を敷いてもらった。

部屋の明かりをつけ、はっと息をのんだ。部屋中に何枚もの油絵のキャンバスが立てかけてあった。どれもフランス人形の絵だ。虚空を見つめるうつろな眼。閉じた口元。表情を押し殺したような人形の顔が迫る。非凡な画才にわたしの心は引き込まれていった。

古川さんは、生命のない人形を描きながら、自らの人生への問いかけをしていたのだろうか。自分はなんのために生きているのか。それは、わたし自身、自らに投げかけ続けていた問いでもあった。

翌朝、早く目覚めた。離れの濡れ縁に出てみると、軒先から枝を伸ばしたつるバラが見事なほどに深紅の花を咲かせていた。

花弁が朝日を浴びている。あとで息子さんに聞いた話では、「かつて、組合の問題で悩み、自殺した部下の家に植わっていたバラを親父が引き取った」とのことだった。

古川さんのお宅を辞するとき、「これをあとで読んでください。誰にも見せたことがないけれど、あなたには渡しておきたい」と、当時書いたという手記を託された。文末を見ると、「人事部付」となった日から一年後の日付があった。

会社に向かう朝の電車のなかで手記を読んだ。そこには、一年間も続いた〝座敷牢〟のような日々の壮絶な記録が綴られていた。

2　死をも覚悟した魂の手記

義憤の芽生え

四〇〇字詰め原稿用紙一六枚に手書き文字でぎっしりと綴られた手記は、人事部に置かれた机一つだけを与えられたころの回想から始まる。

部下もなく、仕事もなく回される書類も一枚も無い（部課長向けの公文書も回付されぬ為、業務上は勿論、私的な事でも例えば賞与の支給日さえ何時かは分からぬ状態となった）

（中略）

晴れた日には太陽の日射しがまぶしく私の沈む気持を鋭く奥底まで射し通した。明るい他人の笑顔が何故かうつろに遠くこだまし、人生に喜びも笑いも何処にも見当たらぬような目まいで、ボーッとした。

雨の日は、泣くに泣けない気持が往きも帰りも会社通いの重い足を、更に重くした。坐った会社の席での雨の一日は殊に長く、近くのビルの屋上に叩きつけられる雨足を飽きずに物悲しく眺めていた。雨足が暗闇に消え、光り丈の反射のはね返りになる頃『あゝ今日も之で終わった。帰らう……』と独り自分に言ひきかせる。

家に帰っても、目的のないテレビ番組が勝手に映っているのを眺め、家族との語ひも、必要最小限で機械的に無神経、無感覚に努めながら床につくのだった。勿論浅い眠りは、追憶と慚愧《ざんき》を掘り起こし、朝早い牛乳配達や、新聞配りのオートバイの音が耳障りに加はり、やがて冷たい夜明けが又一日のスタートを告げるのだった。

古川さんは当時、五〇代半ば。少し前までは豪州日産社長の職につき、エリートコースを歩んでいたのが、一転、座敷牢に押し込められたような日々を強いられ、魂の抜け殻になった。

それが塩路一郎による報復だったことは、手記のなかで示されている。「僕が何をしたと云ふのだろうか」との質問に、人事担当のK取締役（その後、常務に昇進）がこう答えている。

「君が豪州に居る時に、組合や会長（注…塩路一郎）を批判したり攻撃したりしたのを、日産に利害関係のない外部の人が聞いて帰日し、その事を会長に話したらしいのだ。眞偽の程は分からないが、そう云う事があったのか、何を云ったのか、何を聞いたのか、一々ほじくりをやる事は、会社の人事が会長や労組を、いわば攻撃する事になるので、そう云う事も出来ないし……ね」

古川さんも、はじめの一〜二カ月は打開策を求め、「虚心坦懐に塩路会長と対々で話合ふ」ことを労組側に何度か求めたが、毎回はぐらかされた。休日の朝に塩路一郎宅も訪ねているが、本人は不在だった。何とかしようと必死だったのだろう。

しかし、精神的ストレスから胃潰瘍になり、足もしびれるなど、身体的にも異変が生じるようになり、通院しているうちに夏も終わった。

手記の記述は秋へと移る。古川さんは、自分の将来について、会社側の考えを聞きにK取締役を訪ねた。K取締役からは群馬県の小さな町にある、従業員四〇人のプラスチックメーカーの役員として出る案を提示された。

古川さんが長く従事した営業販売関係の仕事を希望すると、塩路一郎の意向により、自動車労連傘下の労組がある企業、すなわち、日産圏の販売会社や部品メーカーへ転じることはできないこと、そのプラスチックメーカーであれば、自動車労連傘下でなく、日産圏外なので、了解が得られたことが伝えられた。

K取締役の上司の人事担当常務にもかけ合うが、次のような慰めにもならない言葉を聞かされる。

「私は人事と云うものは柿が熟すのを待ってやるのが一番よいと思ふ。たゞ君の場合、労組に忌避されているので……」

「君の事を運の悪い男だとか貧乏籤《くじ》をひいたとか云う人が多いのは君にとって救いでもあり有難いことだ。女の問題とか仕事のこととかではないので……」

それでも一縷《いちる》の望みを抱いて、古川さんは石原副社長（当時）、岩越社長（同）、川又会長（同）に面会を申し込んでいる。しかし、川又会長からはこう言い渡されるのだ。

「波紋を大きくする事は会社にとっても君個人にとっても得策ぢゃない。まして息子（長男）も日産にいるわけだから……。君一人が犠牲になったようで可哀相だが、だからといって（波紋を大きくすれば）鉄板の上で一人でやけどをして焼死ぬ丈だよ」

経営トップが部下に対し、その息子を〝人質〟にとるかのような発言をしたり、「鉄板の上で焼け死ぬのみ」と脅したりしてまで、承諾を求める。人間としての良心の判断よりも、塩路一郎との関係を優先させ、「早く出ろ」といわんばかりに、一人の人間を扱う。それ以外の何ものでもない言葉だった。

陰鬱な日々を送りながらも、わずかな救いもあったようで、こんな記述も散見された。

> こうした中にも、心ある社内の数人の重役達や友人、社外の先輩や社会人の地位のある方々の温かい激励を陰に陽に戴いた。
>
> ・最後は人間性だ。誠心誠意まことを盡《つく》してゐる事だ。

・支援する人が沢山ゐる。大丈夫だ。自分を大事にしろ。
・川の流れも木の葉の下で潜るものだ。

人生は川の流れのようなもので、水面に浮かぶ木の葉の下に潜ることもあるが、また、陽の光を浴びることもある。そんな言葉に支えられたのだろうか。

結局、古川さんは近しい役員から、「君一人を救うために会社対組合の体制をこわす事は出来ないのだ。それは君だって分かるだろう」と諭され、日産を去ることになった。

手記は、日産で自分の身に何が起きたかを書き残しておこうと思ったのだろう。

自分はいま揚げるべき凧を持っていない。しかし何かを揚げなければならぬ。

――そんな思いがやってくる。

凧に似たものを、
高く揚がるものを、
烈風に舞い狂うものを、
高く揚げなければならぬと思ふ。
曼珠沙華　ゆく雲遠く人遠く。

手記は、日産での人生を振り返りつつも区切りをつけ、不本意ながらも、与えられた次の仕事に向かおうとする思いを一つの句に託して終わる。日付は「昭和五二・二・二十三（水）記」。それは日産を去る日だった。

「あれ（塩路一郎）はたいした人物ではありませんよ」のひと言を耳にして、相手から日産での人生のすべてを奪おうとする、常軌を逸した塩路一郎の復讐心。

その異常な要求を丸のみし、海外法人社長の座から引きずり下ろし、窓際の座敷牢に追いやったばかりか、その意を受けて、労使関係を維持するため、古川さん一人を生け贄《いにえ》に差し出し、日産から追い出した経営陣の情けないほどの及び腰。

そして、腫れ物に触るかのように見ているだけの役員陣。

会社も、人間社会であるのに、なぜ、そんなことができるのか。

日産は病んでいるどころではない。腐っている。

義憤——。古川さんの手記はわたしの胸に芽生えた義憤に火をつけた。

人としての正義と尊厳をかけて、絶対に塩路一郎を倒す。

塩路一郎は異常な男だ。ならば、自分もこの男以上に異常にならなければ倒せない。これからはこのことを片時も忘れずにいよう。わたしは会社に向かう電車のなかで、自分にそういい聞かせた。

第4章

石原政権、最大の危機

57.9.10

日　経

日産に会談求める

英首相　工場進出の決断促す

サッチャー首相

政府筋は九日、サッチャー英国首相が十七日からの来日時に日産自動車首脳と会談したいと正式に申し入れていることを明らかにした。すでに外務省が日産に英国の希望を伝えている。サッチャー首相はこの会談を事実上、訪日の最大の目的とみており、日産に対英工場進出の早期決断を促したい考え。日産はその時期に石原俊社長が海外出張中ということもあり面会を躊躇しているが、結局は日英関係に配慮し川又克二会長らが会談に応じるものとみられる。ただ同社内には対英進出消極論が強いだけに、日産としては極めて対応の難しい会談となりそう。

サッチャー首相は、日産の川又会長、石原社長、大槻文平経団連会長を指名して「英国経済の見通しや対英進出問題について広く意見交換したい」と希望している。外国政府首脳が特定企業首脳との会談を求めるのは異例のこと。また同首相は二十二日までの日本滞在中、鈴木首相らにも日産の対英工場進出への期待を表明、日本政府の側面援助を強く求めるものとみられる。

サッチャー首相はかねて、日英貿易摩擦を緩和する切り札となるとして日産の対英進出計画を歓迎していた。また外国企業の対英投資を促進して雇用を増やすという英国経済政策のモデルケースになるとの歓迎声明も出している。それだけに、ことしに入って日産が対英進出に消極的になったことが、英国では政治問題となり、サッチャー政権への批判も出ている。

日産は同首相の希望について「聞いていない」としている。しかし政府筋によると、外務省からの連絡に対し日産はその時期に石原社長が米国に出張中の対英進出計画については七月に英政府に説明済みで、改めて付け加えることはない——とし、会談に消極的。しかし会談を断ると英国を感情的に[illegible]する恐れもあるので、最終的には、政府内にも対英進出に最も消極的と言われる川又会長が英首相と話し合うことになるとみられる。

日産は米政府との自動車摩擦の深刻だった昨年一月、英国に乗用車工場を建設するための企業化調査に入ると発表した。英国ではことし中に着工、一九八四年末から生産開始（生産規模は八六年で年産二十万台）の予定だった。しかし調査の結果、予想以上に生産コストがかさみ、操業開始後七—十年は赤字が続くことがわかったとし、ことし七月には当初通りの計画実行が難しい実情を英政府に説明している。

1　多発した「ラインストップ事件」

追浜工場で死亡事故発生

わたしが胸に抱いた義憤は、二つの面があったように思う。

一つは、古川さんの追放のように、一人の人間の人生が、塩路一郎という人間の権力欲の犠牲になり、踏みにじられていくことへの人間としての怒りだ。

もう一つの面は、その権力欲による不当な生産支配、現場支配が蟠踞し、多くの良識ある従業員が声をあげようとしても許されず、善良な従業員たちの日々の努力も報われずに、会社の未来が奪われていくことに対する、日産に籍を置く人間としてのいきどおりだった。

この職業上のいきどおりに拍車をかけたのが、各工場で起きた一連のラインストップ事件だった。

追浜工場は、日産の代表車種であるブルーバードなどを組み立てる主力工場だ。旧海軍飛行場跡の国有地の払い下げを受けて建設され、門を入ってすぐ左手に労使の「相互信頼の碑」が建てられている。

この追浜工場で、一九八一（昭和五六）年二月九日、ラインが止まった。直接の原因は、塗装ラインでの従業員の死亡事故にあった。

塗装ラインには車体をラインに下ろしたり上げたりするドロップ・リフトがある。危険防止のため、高さ二メートルの金網で覆われていた。

日産には従業員からの提案制度があり、金網に「立入禁止」の札を掲げることを提案しようと思い立ったその従業員は同日午後、自ら金網にのぼって札をとりつける準備をしていた。上半身を上に出し、金網の内側に体を傾けていたとき、ドロップ・リフトが下りてきて頭部を挟まれた。

工場のラインで事故が発生したとき、当然、ラインは直ちに止められる。原因調査をはじめ、所定の対応や手続きを経て、安全対策の最終確認がすんだ段階で、ラインは再開される。

事故直後、横須賀労働基準監督署の監督官が現場に到着。警察とともに調査を行い、「死亡事故は現場作業員の過失が原因。機械に欠陥はない」と結論を出し、即日、操業再開の許可が下りた。

ところが、労使折衝において、組合側は「事故の原因は提案制度のやりすぎで、組合員が疲労して事故を起こした。だから、提案制度を撤回せよ。撤回するまでライン再開には応じない」と主張した。

提案制度は、当時は日産に限らず、どの自動車メーカーも従業員の参画意識をあげる仕組みとして採用しており、川又―塩路体制下では組合も側面から協力していた。それが、石原政権になった途端、社長攻撃の材料と化したのだ。

亡くなった従業員には気の毒だったが、組合の主張はまったくのいいがかりだった。会社側は、「原因は作業員の過失にある」とする公的機関の結論を理由に、提案制度撤回要求を突っぱねた。

組合側も一度は態度を軟化させる気配を見せたが、日産労組委員長が自動車労連本部に塩路一郎会長を訪ねたあと、再び硬化させた。

結局、ラインが再開したのは八日後の一七日だった。その間、休日を除いてラインの実質停止時間は計五日間（一〇直＝一直は勤務の一単位）。実態は、安全対策を隠れ蓑にした山猫スト（組合の正式決定なしに行う法的に不当な争議行為）だった。ライン停止により、追浜工場は月産台数の約一割にあたる三〇〇〇台の減産を強いられた。


この追浜工場での一件を皮切りに、各工場でまるでバトンリレーのように同様な動きが始まる。

追浜工場のラインが再開された翌日、横浜工場ではレントゲンでかろうじて確認できる程度の小指の骨折事故を理由に、また、吉原工場では爪の三分の二がはがれる事故を理由に、いずれも軽微な負傷事故であったにもかかわらず、二月一八日〜二四日の間、休日を除いて計五日間（一〇直）、ラインが停止された。

両工場のラインが再開された翌日の二月二六日午後、九州工場では作業者が指をちょっとものに挟んだという、事故とはいえない事故を理由に、組合側は即、ライン停止を指示した。あまりにも軽微な出来事であったため、深夜にはラインが再開され、山猫ストにはいたらなかったが、ことあらば、ラインを止めようとする組合側の構えが如実にあらわれていた。

各工場の工場長は組合より、詫び状を書くよう要求され、事態を収めるため、やむなく従わざるをえなかった。

自動車労連内部の事情に明るい人事部員の情報によれば、この一連の山猫ストを主導したのは塩路一郎および側近の幹部たちであり、各工場の支部長たちは指示どおりに動かされていたとのことだった。

それは一般社員たちにも容易に想像できたことで、この山猫ストは社内では「塩路会長のストライキ」と呼ばれるほどだった。

ラインが止まり、毎日やることがないので草むしりをさせられた現場の組合員も「おかしい」と思ったはずだが、労組が人事と労務管理の実権を握っているので、反対できない。実際、横浜工場では、軽微な事故によるライン停止を疑問視する声が現場の係長からあがったが、組合支部長に押し潰された。

こうした組合側の違法ストへの対応に苦慮した労使協調派の人事担当K常務は、「今後、負傷事故が発生した場合には、その大小にかかわらず、直ちにラインを停止し、安全確認が得られるまで再開してはならない」と、組合側に自由にストライキを打たせる口実を与えるような通達を出してしまい、各工場長を唖然とさせる始末だった。

ヒヤリ・ハット事件

ラインストップはこれにとどまらなかった。同じ年の一二月九日、栃木工場で再び、死亡事故が発生し、ラインがストップ。労組側は塩路会長以下執行部、会社側は石原社長以下全役員が臨んだ折衝で、労組側は「原因は石原社長の人間性無視の経営にあり、非を認めない限り、ライン再開には応じない」と、石原社長の経営責任に的を絞って追及しようとした。一四日に再開されるまで、計五日間（一〇直）ラインが停止した。

翌一九八二（昭和五七）年一月には、吉原工場、蒲原工場で、会社側の「安全性無視経営」を理由に、またもバトンリレーのように、延べ八日間（一六直）ラインが止まった。吉原工場においては、天井から扇風機のカバーが落ちてきて、作業員が「ひやり、ハッとさせられたから安全ではない」との理由でラインが停止することになった。

また、同年二〜三月には、各工場で二〇件以上のライン停止があった。

われわれが「ヒヤリ・ハット事件」と呼んだ吉原工場の一件が物語るように、いずれのライン停止も、石原政権への攻撃を目的としたきわめて意図的なものだった。

北欧で起きた車両実験にかかわる事故を理由に、組合員による極寒地耐久走行実験も拒否された。また、自動車メーカーは新車発売までの二〜三年間、国内の専用テストコースを使って、時速二〇〇キロ以上の高速耐久試験を行うが、これも「危険だ」という理由により、労組は組合員であるテストドライバーの乗車を拒否。かわって高速試験の経験のない管理職がハンドルを握った。

これは考えようによっては、一過性のラインストップよりも大きな問題だった。なぜなら、新車発売が軒並み大幅に遅れるからだった。

石原社長が、労組による経営への介入を許さない姿勢を鮮明に打ち出してから、労組側からのさまざまな妨害が始まったが、一九八〇年代に入り、それがより強化され、まさに牙《きば》を剝《む》くようになったのには、理由があった。

それは、石原社長が打ち出した英国進出をめぐる労使対立の激化であり、ここに労組による経営妨害は頂点に達するのだ。

2　英国進出で塩路一郎がもちかけた「裏取引」

英国進出をめぐり労使対立が激化

一九八一（昭和五六）年一月、石原社長は英国で乗用車を生産する計画を、英国政府と共同で発表した。英国の開発地域に乗用車の製造工場を建設し、本格稼働後は年産二〇万台のフル生産を達成するという内容だった。

第2章で述べたように、日産は国内シェアではトヨタに差をつけられていたが、トヨタが消極的だった海外投資で活路を見いだし、グローバル戦略で先行する戦略を立てていた。英国進出も欧州戦略の一環だった。

石原社長の欧州戦略の基本は、その二年前のゴールデンウィークを利用して出かけた欧州出張で決まった。欧州で乗用車を現地生産するとしたら、どの国がいいか。進出先を探ったが、このときドイツ、フランスなどのメーカー首脳は総じて、日本企業の進出には否定的だった。
一方、英国では、日産は日本車のトップシェアをもち、販売・サービス網もあった。部品メーカーもそろっていた。また、日産は戦後、英国のメーカー、オースチンと提携したことがあり、ほかの国より馴染みやすいこともあった。

問題は、英国政府の意向だが、担当者がすぐに政府側に接触してみたところ、「わが国に進出しないか」と熱意を示された。


この英国進出計画は、労組への事前協議なしの発表であり、労組は猛反発した。この発表の翌月から、ラインストップの山猫ストが多発するようになるのだ。

石原社長は、三月に調査チームを英国に派遣し、フィジビリティ・スタディ（FS＝事前調査）を開始した。

これに対し、塩路一郎も労組幹部とともに、翌四月に渡英した。そして、英国の労働問題、社会・経済情勢、EC（欧州共同体＝EUの前身）との関係、事業の採算性などを独自に調査し、年産二〇万台の計画に対し、労組として反対を表明した。

その理由として、「ストライキなどの労働争議が絶えない」「日本とまったく違う労働者気質」「政権交替で揺れ動く諸政策」「混乱続く社会・労働情勢」などが列挙された。

また、塩路一郎が反対した背景には、「自分たちが乗用車の生産を求めた米国ではトラックで、あとから決めた英国が乗用車というのはどういうことか」という感情的な反発もあった。

英国進出は明らかに経営側が判断する課題であり、労組の反対表明は経営の領域に踏み込んだ介入だった。

ただ、塩路一郎本人が反対した本音の理由は別のところにあった。それは、その前年の一九八〇（昭和五五）年四月、石原社長が発表した米国進出計画に対する言動から明らかだった。

国際的なステータスをねらった塩路一郎

石原社長は就任早々、米国への工場進出検討を社内に命じていた。

オイルショックを経て、日本から輸出される小型・低燃費の日本車は米国市場で大人気を博していた。「スモール・イズ・ビューティフル」が時代の合い言葉となり、大型車しかつくっていなかったGM、フォードモーター、クライスラーのビッグスリーの車は「ガス・ガズラー（ガソリンがぶ飲み）」と揶揄された。

これに対し、危機感を募らせたのが全米最強を誇る労組、UAW（全米自動車労働組合）だった。UAWのダグラス・フレーザー会長は「米国の労働者は日本車に仕事を奪われた」と日本メーカーを批判する強硬派だった。組合員を集めて何台も並べた日本車をハンマーで壊させる光景は日本でも放映され、衝撃が走った。

このまま日本からの輸出が拡大していくと、やがては日本車は米国から締め出される。この事態にいち早く対応したのが日産だった。米国での現地生産に移行するとしても、いきなり大規模工場をつくるのは、リスクが大きすぎる。

そこで日産は、米国での競合がない小型ピックアップトラックの工場を建設する計画を内々で進めた。この車種は、アメリカではトラックとして使われるのではなく、マルチ・ユースの乗用車として人気があった。

既にメキシコでトラックを生産していたので補完し合え、また、乗用車より部品の数が少なく、リスクも抑えられた。トラック生産が軌道に乗り次第、乗用車も生産する予定だった。

このトラック工場建設計画に対し、かねてより、重要経営課題についての労使の事前協議の場である「中央経営協議会（中央経協）」で、「米国への乗用車工場進出」を机を叩いてまで強硬に要求していた塩路一郎は猛反発した。

「乗用車工場進出」を求めたのは、親交のあったUAWの「代理人」のような役割を演じようとしたからだった。実際、塩路一郎は失業した米国自動車産業労働者への過度の同情発言や、「日本車は残業してまで輸出している」などと、UAWのスポークスマン的な発言を繰り返していた。

自らUAWの大会に乗り込んで、日産の小型トラック進出構想に反対を唱え、UAWと一緒になって、乗用車での進出を勝ちとりたいと演説したりもした。

フレーザー会長は、塩路一郎の招きで来日し、主要メーカーに対米進出を要請した。石原社長に対しても、「日本のメーカーは米国に進出すべきだ。さもないと輸入車を制限するだろう」と一方的にまくし立てた。さらに、これも塩路一郎の工作により、当時の大平正芳首相にも直談判するという異様な事態が展開され、マスコミも「フレーザー旋風」と呼んで煽《あお》った。

工場の建設地をめぐっても、綱引きがあった。

塩路一郎は、UAWの組織率が高い地域での建設へと話をもっていこうとした。

一方、石原社長は、現地の工場に米国流の労使関係が持ち込まれることをなんとしても避けたかった。米国の自動車メーカーはUAWとの労使交渉に大きなエネルギーを割かれていたからだ。UAWはストを構えることもしばしばで、米国メーカーの競争力を減殺する一因になっていた。自著で「UAWや塩路君とかかわりを持つくらいなら、進出しないというくらいの考えだった」と記している。

建設地については、全米を調査した結果、UAWの勢力をある程度防げると判断できたテネシー州のスマーナと決まった。塩路一郎はスマーナ工場でもUAWによる組織化を要求し、その要求をとおすため、組合員の海外出張について、組合の事前承認拒否という戦術まで使った。

石原社長は、UAWへの加入は従業員が自主的に判断するものであるとして、要求を拒否。結果的に、スマーナ工場の従業員たちでUAWに加入したのはほんのわずかで、組織化は不成功に終わった。

結局、塩路一郎が「米国への乗用車工場進出」を求めたねらいは、フレーザー会長に恩を売るとともに、米国にも自分の力をおよぼすことだった。つまり、日本の自動車労組の連合体である自動車総連会長にまで上りつめた自分の「国際的ステータス」という利己的な目的だった。

そして、同じことが英国進出でも再現された。

「自分に英国での立地選定権を与えろ。そうしたら英国進出に賛成する。欧州の労組にも話をつけてやる」

英国進出計画に反対する裏で、英国進出準備室で事務方トップを務めていたN次長に、そういって裏取引をもちかけていたのだ。後に副社長になるN次長とわたしは近い関係で、本人から「これが塩路の本心だ」と直接聞かされた。

塩路一郎は、UAWとのパイプはもっていたが、欧州とのコネクションは薄かった。そこで、米国進出時と同様、現地の労組が推奨する建設地を選定することで、つながりを強めて自分の力をそこにおよぼし、国際的なステータスを得ようとしたのだった。

3 サッチャー・川又会談を仕かける

英国進出に反対を表明した川又会長

状況をさらに混乱させたのは、会長職にあった川又氏が突如、英国進出に反対を表明し、もう一つの障害となって立ち塞がったことだった。

この反対表明は、石原社長が英国進出計画を発表した年の一〇月に挙行された稲山嘉寛経団連会長（当時）を団長とする政府派遣の経済使節団の欧州歴訪がきっかけだった。経団連副会長として参加した川又会長は、英国病の蔓延を肌で感じたのか、帰国後すぐに英国進出に反対し始め、その急変ぶりは石原社長を驚かした。

翌一九八二（昭和五七）年一月には進出反対の文書を経営メンバーに配布するほど、その意志は固かった。その文書では、英国の部品価格、英国内での販売、米国と同時に投資することの負担の大きさ、英国の労働問題などを不安要因として指摘した。

石原社長としては、川又会長の意見は無視できない。そこで、副社長に役員一人ひとりの意見も聴取させたところ、労働問題や競争の厳しさを理由に慎重論を唱える声が多かった。それは川又会長の反対論に誘発されたようだった。

石原社長は社内のコンセンサスが必要と考え、同年七月、進出決定の延期を発表した。

川又会長の反対の意志を軟化させないと、英国プロジェクトは先へは進まない。プロジェクトの遅れは結果として、労組の経営介入を間接的に支援することになり、石原政権の弱体化につながる。

実際、塩路一郎は反対表明した川又会長と結託する動きを見せており、川又―塩路連合が復活すれば、下手をすると石原社長の失脚という最悪の事態も招きかねなかった。

この流れになんとしてもブレーキをかけ、川又―塩路の間の鎖を断ち切るため、わたしはある仕かけに着手することにした。

外務省を動かし、サッチャー・川又会談をセッティング

広報室渉外課長としてわたしが担当する主務官庁は通産省（現・経済産業省）だったが、外務省にも出入りしていた。

わたしの出身校である東京都立日比谷高校は一九六〇年代半ばまでは、東大合格者数ランキングで毎年一位だったため、東大から外務省へ入省した先輩OBや同期生が多かった。わたしは東大入学を目指して二度受験に失敗し、早大に進んだが、外務省には人脈もあり、外交上の情報も耳に入るようになっていた。

当時、日本と欧州の関係は悪化していた。前述の欧州歴訪の経済使節団も欧州側から貿易不均衡を厳しく非難され、参加メンバーはショックを受けて帰国した。

ただ、そのなかでも日本と英国の関係は比較的良好だった。そこで、外務省としては、英国を橋堡として、欧州に楔《くさび》を打ち込み、冷めていた日欧関係を改善したいと考えていた。その象徴として、日産の英国進出計画は、これ以上の好材料はなかった。

一方、英国のサッチャー首相も、なんとしても日産の英国進出を実現させる必要があった。

英国は、戦後の労働党政権下で産業国有化が進み、一九六〇年代以降、経済が低迷して「英国病」が蔓延し、製造業の国際競争力は極端に低下していた。「英国病の克服」を掲げて登場したサッチャー

政権には、基幹産業である自動車産業にてこ入れし、「製造業の復権」を目指す宿願があった。

もし、日産がＦＳの結果、工場建設にゴーサインを出せば、英国が外国企業によって、「欧州における最適な製造業立地」として認められたことをアピールできる。反対に、進出計画が撤回されれば、英国は「製造業不適格国」という烙印を押されることになる。

いうなれば、日産の判断は一種のリトマス試験紙の役割を担っており、英国は、固唾《かたず》を飲んで日産の判断を見守っていたといっても過言ではなかった。

このようにして、日産の英国進出計画は、一企業の海外戦略の枠を超え、二国間の政治的思惑も絡むようになっていた。

ここは外務省を〝味方〟につけたほうがいい。そう判断したわたしは、外務省経済局のＯ課長に接近した。

そして、互いに信頼関係を結んでいくなかで、わたしは、英国進出準備室のＮ次長から入手した英国側の情報をはじめ、日産社内での計画の進行状況、社内では川又会長が反対を表明していることや、塩路一郎の表向きは反対だが裏では取引をもちかけていることなど、社外秘の情報もすべて流した。

この社外秘情報は、外務省から公電でロンドンの日本国大使館宛てに「日産の川勝渉外課長からの情報」として打電された。これにより、わたしは外務省から一定以上の信用を得ることができた。

この情報提供は明らかに越権行為だったが、手段を選んでいる余地はなかった。あとでわかったことだが、O課長はわたしとは同じ日比谷高校の同期生だった。

そのうち、サッチャー首相が一九八二（昭和五七）年九月の中旬から下旬にかけて来日する予定があるとの情報をつかんだ。川又会長の考えを変えるには、社内での働きかけでは弱く、外からかなり大きな力をかけるしかない。

サッチャー首相の来日日程を見ると、石原社長はその時期、海外出張の予定が入っており、日本にいない。これは偶然のチャンスだ。わたしはO課長にサッチャー・川又会談をセッティングしてくれるように要請した。それも、サッチャー首相の側から会談を求め、川又会長が断れないかたちにしたいとお願いした。

会談の設定方法として、ロボット化が進んでいた日産の座間工場の視察をサッチャー首相が希望し、先導役を務めた川又会長と視察後に会談する案を示した。日産の英国プロジェクトはなんとしても成功させたい外務省と、ここに利害が一致し、O課長は親日家で知られたコータッツィ駐日英国大使に打診すると約束してくれた。

ところが、サッチャー首相は保守党の党首時代に座間工場に来訪していることが判明する。その後、首相という立場にかわったとはいえ、同じ座間工場見学を英国に提案するのは無理があるというのが外務省の見解だった。わたしは焦った。

なんとしても会談は実現させなければならない。わたしは、サッチャー首相が経団連のパーティに出席する際、途中で抜け出して川又会長と会談するという第二案を外務省に示した。外務省はすぐさま、この案をコータッツィ大使にとり次いだ。

すると、コータッツィ大使からは、「この案を本国に請訓することはかまわないが、川又会長が会談に応じる保証はあるのか。もし、会談が成立しなかったら、英国側のメンツが丸潰れになる」との答えが返ってきた。

「日産として保証できるか」。O課長から問われたわたしは、独断で「川又会長は絶対受けます。大丈夫です」と断言した。根拠は何もなかった。ただ、そういい切らないかぎり、この仕かけを先に進めることはできない。ここは一か八か、賭けるしかなかった。

外務省も一渉外課長の断言だけでは不安だったのか、日経連（日本経営者団体連盟。その後、経団連に統合）の前会長の櫻田武・元日清紡績社長や大物政治家を介して、川又会長に「会談要請を必ず受けるように」と念を押させた。

その後、紆余曲折があり、第二案ではなく、国賓として宿泊する迎賓館で、九月一九日に会談が行われることが決まった。

こうして、仕かけのセッティングは成功し、サッチャー・川又会談が外交日程にのぼった。

あとは、会談の内容次第で、川又会長の英国進出反対の考えに変化が出るかどうかだった。

当日、わたしは渉外課長として迎賓館の玄関口まで同行した。「できるだけパーソナルな雰囲気で会談を行いたい」とのサッチャー首相の希望により、川又会長は通訳と二人だけ、サッチャー首相にも付き添ったのはバトラー首席秘書官だけで、まさにサシの会談となった。

会談は午後五時五五分から始まり、予定は四〇分だったが、一時間経っても部屋から出てこない。会談が終了したのは午後七時二〇分で、一時間二五分が経過していた。

会談後、外務省欧亜局（現・欧州局）に対するブリーフィングで、川又会長は、「非常に和やかな会談で互いに理解し合えました」とあたりさわりのないことを話していた。しかし、ブリーフィングの部屋に向かう途中の廊下で、並んで歩く通訳に、「かなり激しいやりとりでギスギスした場面があったことは内緒にしておこう」と小声で耳打ちしているのを、後ろを歩くわたしは聞き逃さなかった。

後日、欧州第一課長から会談内容を聞いた。川又会長は補助金の大幅増額など、通常であれば、相手がのめないような条件を次々とぶつけた。おそらく、相手が難色を示すように仕向けようとしたのだろう。ところが、サッチャー首相はけっして拒否せず、それをすべて受け止め、いったん持ち帰ったということだった。

英国首相との一対一での会談自体が、よほどインパクトのあるものだったのだろう。翌日、サッチャー首相と会って話を聞いた自民党幹部によれば、その日、川又会長からサッチャー首相宛てに電話があり、「いますぐ決定できないにしても、欧州に出るとすれば、英国であると考えている」と伝えている。ギスギスした関係のまま帰国されるのは好ましくないと考慮したのだろう。

後日、サッチャー首相からは、川又会長が示した条件をすべて承諾する返事が返ってきた。

サッチャー首相がこの来日で、政府要人と会談した時間と比べてみると、いかに英国プロジェクトを重要視していたかがわかる。川又会長との会談は一時間二五分におよんだが、鈴木善幸首相とは第一回会談が二〇分、第二回会談が二時間一〇分、櫻内義雄外務大臣とは四〇分、安倍晋太郎通産大臣および渡辺美智雄大蔵大臣とはそれぞれ三〇分だった。

しかも、会談が終了した一〇分後の午後七時三〇分からは、対英進出企業経営陣との晩餐会が始まる予定で、サッチャー首相は着替えの時間を潰してまで、川又会長との会談に時間を割いたのだった。

「手紙戦術」で川又会長を籠絡したサッチャー首相

サッチャー首相は、保守的かつ強硬なその政治姿勢から「鉄の女」との異名をとった。

英国政界での政敵との戦いで鍛えられているだけあって、会談後の川又懐柔策も実にしたたかだった。サッチャー首相は毎月、川又会長宛てに手紙を書いて送るという手紙戦術に出たのだ。英国の首相が他国の一民間企業の会長に毎月手紙を出すなど、異例中の異例といわれた。

英国首相府の公式封筒で送られてくるその手紙は朱色の封蝋で封がされ、その上にシーリングスタンプが押されており、格調の高いものだった。川又会長は、毎月、全世界でその名が知られるサッチャー首相から送られてくる手紙に舞い上がり、次第に籠絡され、英国進出に反対する強硬姿勢を少しずつ軟化させていった。

川又会長も、サッチャー首相との会談前は、二人だけで話すことで相手に踏み込まれないかと、かなり身構えていたようだった。実は、会談の六日前に塩路一郎は当人と会っている。そのときのことを自著『日産自動車の盛衰』（緑風出版）のなかで次のように記している。

「彼女と二人で会ってしまえば、どういう風に説得され、言質を取られるか解らない」

と川又会長はかなり悩んでおられた。私はこのとき、（中略）何とか会長を支えて日産を守ることを考えようと、考えた。

翌日、櫻内義雄外務大臣にお会いして、

「サッチャーさんが強い態度で交渉するということにならないように、事前にうまく話しておいていただけませんか」

と相談した。

しかし、「天皇」などと祭り上げられていた川又会長と「鉄の女」とでは役者が一枚も二枚も違った。サッチャー・川又会談の仕かけは、サッチャー首相からの手紙という想定外の展開も手伝い、予想以上の成果を収めることができた。

一課長の身で、かつての大英帝国の宰相と国内第二位の自動車メーカーのトップとの会談を仕組み、流れを変える。これほどうまくいくとは思わず、みんなにいいふらしたいくらいうれしかったが、わたしが仕かけたとは誰にもいえない。街の飲み屋で一人、祝杯をあげた。

ちなみに、石原社長は自分の海外出張中にサッチャー・川又会談がセッティングされたことについて、「誰かが仕組んだんじゃないだろうな」といっていたという。まさにそのとおりだった。

激化した経営妨害で日産は生産性の伸びで他社に水をあけられる

サッチャー・川又会談の仕かけは、川又―塩路連合の復活を阻止する面では見事に成功したが、その一方では、塩路一郎を刺激した面もあった。

塩路一郎もこの会談の翌週、川又会長からその内容について話を聞いていた。会談から二週間後に塩路一郎は安倍晋太郎通産大臣に面談を申し入れ、「日産の英国進出をプッシュしないでほしい」と要請に行っている。わたしは通産省の自動車課長から、そのときの会話の内容を聞き、本人が発した言葉をメモしておいた。そのメモには「焦り」をあらわす次のような言葉が記録されている。

川又さんはサッチャー首相と会ってちょっとふらついたみたいだ。
川又さんはサッチャーペースに引き込まれた。サッチャー首相からいろいろ提案されて、抜き差しならないことになった。
川又さんはどうも一本とられた感じだ。残るは組合のみだ。組合としてはラインを止めるしかない。

この言葉どおり、翌一九八三（昭和五八）年に入ると、労組側は経営妨害をさらに強化し、攻勢に出るのだ。

同年三月、労使は「ME（マイクロエレクトロニクス）協定」という新技術導入に関する覚書を締結した。これは、ロボットをはじめとする先端技術を用いた自動化、省力化設備などの導入については、労組の意向もくんで、誠意をもって進めるという労使協定だった。

文面は特に問題はなかったが、労組はこれを盾にロボットの稼働を妨げる作戦に出た。

工場に最新鋭のロボットを導入しても、要求性能を満たしているかどうか、現場の技術者が検収を行わないとラインに設置できない。現場管理権を握っていた労組は、ロボット導入について、事前協議がすんでいないとME協定を逆手にとって、組合員である技術者に指示して、本来は会社の業務である検収をさせないようにした。

そのため、何百台もの設備がシートをかぶったまま、工場の入り口で三月から一二月まで棚ざらしにされることになった。

トヨタにしろ、ホンダにしろ、通常はME協定のような協定は結ばない。川又会長の反対姿勢が軟化し、川又―塩路連合で石原社長に対抗する戦略がはずれた塩路一郎が次の手として、ロボット導入を嫌がらせの道具に使おうとしたのだった。

労組による一連の妨害により、メーカーとしての生命線である生産性は、競合会社に比べて、みるみる低下していった。

自動車会社各社の一九七九（昭和五四）年の生産性を一〇〇とすると、三年後の一九八二（昭和五七）年は、トヨタ一三四、東洋工業（現・マツダ）一四〇、日産一〇五であり、三年間の年平均伸び率は、トヨタ一〇％、マツダ一三％に対して、日産はわずか一・五％と、他社に無残なほどに遅れをとった。

それ以前は、日産を含め、だいたい年率一〇％の伸び率が業界の相場だった。一・五％という日産の伸び率は、いかに現場が荒廃したかを示していた。ここにロボット導入阻止が加わり、棚ざらしが九カ月間も続いたのだった。

4　石原政権、最大の危機

人事担当役員を「硬骨漢」にかえる

石原社長は一九八三年（昭和五八）年六月、社長在任三期六年を終え、四期目を迎えることになった。そのときの心境を自著で次のように綴っている。

「社長を務めるのもあと二年。日産自動車のために、どうしてもやっておかなければならないことは何だろう？」と考えた。英国問題が膠着状態に入っていた時期だ。答えは明らかだった。塩路君が支配する労組の歪みを矯正して、正常な労使関係を確立することだ。それができなければ、日産の未来はないと言っても過言ではない。生産効率や国内販売はもとより、海外プロジェクトの成功も、正常な労使関係が前提となる。このままの状態で後任の社長に任せるわけにはいかない。

そのためには、塩路君となれ合いでやってきた従来の労務を変えなければならない。そこで、労務に関係なかった細川泰嗣常務を労組担当に選んだ。

細川泰嗣常務が人事担当になったのは、その一年前のことだった。それまで人事担当だったK常務は、労組との宥和に腐心していた。このK常務を放出して日産車体社長に就けると、購買部門にいた細川取締役を労組と対峙するポジションに据えたのだ。

こうも記している。

役員だけでも結束すれば、何かができたはずだが、長年にわたって塩路君が構築してきた権力基盤は強固で、彼の顔色をうかがう役員も少なくなかった。新たに労組担当になった細川君に、役員の一人が言った。「まあ、塩路君とは、うまくやればいいんだよ」。（中略）みんなが「うまくやれば」という姿勢だったから、負の遺産が大きくなってしまったのである。細川君はその辺はよくわかってくれた。何があったか知らないが、部長あたりから、「細川さん、塩路さんが怒っているから、とにかく謝りに行ってください」と言われても、「謝る理由がないのに、謝れるか」と言って、頑として応じなかった。

細川常務は東大工学部出身でもともとはエンジニア。痩身の紳士然とした雰囲気をもった人物だったが、硬骨漢で芯が強く、内に秘めた闘志をわれわれもその後、知ることになる。

K常務の放出に関しては、塩路一郎は自著で次のように記している。

どうも石原氏には〝人事について、労組（塩路）と人事部長が密談して決めているに違いない〟という妄想がつきまとっていたようだ。それが○○氏（営業担当副社長）、××氏（営業担当専務）、K氏（人事担当常務）という、大争議以降の歴代人事部長経験者を、すべて関係会社に出すという行動につながった。

私はこれを聞いたとき、石原氏の猜疑心の強さは異常に過ぎる、と改めて痛感した。

サッチャー・川又会談について、同じく自著で「実はこの会談は、石原社長が役員会における劣勢挽回を図る（川又会長の反論を封じる）ために、△△副社長と謀って実現したものだった」と書いている。「猜疑心」が強いのは自身のほうだった。

かくして、人事担当役員は交代した。しかし、細川常務という強い駒を労使交渉の最前線に配しても、労組の攻勢は止まらなかった。

労組が記者会見で示した「重大な決意」

塩路一郎が記者会見で英国進出反対声明を出す。新聞記者から広報室に連絡が入ったのは、ME協定が結ばれてから五カ月後の八月一八日の昼前のことだった。

日産の英国プロジェクトに塩路一郎が反対していたことはマスコミを通じて知られていたが、記者会見まで開くとは尋常ではない。広報室長から記者会見について知らされた石原社長は、「いったい何を考えているんだ」と激怒した。

同日午後、自動車労連の清水春樹事務局長が本社にやってきた。「日産労組常任委員会および自動車労連中央執行委員会の合同会議で、日産自動車の英国進出計画の中止を会社側に求める決議をしたので、この旨申し入れます」ともんきり型で述べると、申入書を提出していった。

そのあとで塩路一郎が大手町の経団連記者クラブで記者発表し、英国進出反対の態度を表明した。この記者会見で、労組側は会社の計画には次のような重大な問題があると指摘した。

①英国に工場をつくっても、長期にわたって大幅な赤字になる。
②日産の当面する最大の課題は国内販売の立て直しである。

③英国での生産が、日本から英国およびＥＣへの完成車輸出の減少をもたらすおそれがある。

④英国進出計画が政治問題化しているが、民間企業の自主性が政治的圧力で損なわれるべきではない。

①が間違いだったことは、英国進出のその後の成功の歴史が証明している。

②はもっともらしく見えるが、販売不振によるシェア低下の原因は、販売会社においても本社と同様に、自動車労連が傘下の販労（販売会社の労組）を通じて、「残業するな」「休日出勤するな」と圧力をかけていたことも原因の一つだった。

また、販売会社で労使間で何か問題が起きるたびに、塩路一郎自動車労連会長が「話をしようじゃないか」と迫ってくるような状況のなかで、経営者の多くが労組との対応にエネルギーを費やさなければならないこととも無縁ではなかった。

より根本的な問題は、川又―塩路体制下での異常な労使関係により、総合的な体力で他社に差をつけられたことにあった。

日産のサニーと同じ大衆車領域のトヨタのカローラに、製造原価で一台あたり五万円、エンジン一台分の差をつけられていたことは前述した。販売では値引きが行われるが、コスト競争力で劣る日産は、値引き合戦でも劣勢を強いられた。

つまり、販売力の弱さは、日産の長年の経営の歪みに根ざしたものだった。

③の現地生産による日本からの輸出減少については、対米進出に関してはいわなかったことで、矛盾していた。

④の政府からの政治的圧力については、石原社長の決断が政治的圧力によるものでないことは明らかだった。

これらの問題点を指摘したあと、塩路一郎は、「英国問題について、組合との事前協議と合意がないままに、会社がことを進めるならば、組合としては重大な決意をもって、それに対処せざるをえない」と会社側に申し入れたことを明かした。「重大な決意」とは暗にストライキを示した。

これは明らかに労組の経営権への介入を意味した。マスメディアにもそう思われる可能性がありながらも、あえて記者会見という尋常ではない手段をとったのは、川又会長の反対姿勢の軟化に危機感を増幅させた塩路一郎が、労組から見て英国進出問題がいかにリスキーなものであるかを示し、労組の主張こそ正当であることをアピールしようとしたと思われた。

また、記者会見以外にも、与野党の有力代議士、マスコミ幹部を料亭に招いては、英国進出反対に同調を求めるなど、プロパガンダを繰り返した。

一方、社内に対しては、自動車労連幹部が本社の総括クラス（管理職の一歩手前の職位で組合員）を部単位で集めては、夕食をともにしながら抱き込みを図った。二次会まで誘う飲ませ食わせの懐柔策で、労組側も必死だった。

中曽根首相に対しても画策

塩路一郎は記者会見の前には、中曽根康弘首相にも会っていた。

中曽根首相は、先進国首脳会議（サミット）でサッチャー首相に会った際、日産の英国進出を要請されたことを石原社長に伝えていた。それを知って中曽根首相に面会を申し入れ、「政治的な圧力をかけないように」とクギを刺し、「(日産の英国進出は）日米関係にもマイナスの影響を与える」と脅しめいた発言をするといった行動に出ていた。

塩路一郎は中曽根首相とは、石原慎太郎氏が以前、東京都知事選挙に出馬した際、ともに支援者になって以来の親しい関係で、総理の座をねらっていた中曽根氏に裏でいろいろ便宜を図っていた。

英国進出という日産にとって経営上の重要課題に対し、労組トップが記者会見を開いて反対表明するという尋常ならざる方法をとり、「重大な決意」も辞さないと明言して、公然と経営に介入する。

総理大臣にまでも個人的な関係を使って働きかけ、英国進出計画を政府として支援することを控えるよう画策する。

塩路一郎は会社側に裏取引をもちかけ、自分の国際的ステータスのために英国進出を利用しようとしたように、真に日産の未来を考えて反対したわけではなかった。その裏取引を拒絶した石原政権を、英国プロジェクトを使って潰そうとしている。

英国プロジェクトは、日産が経営の独自性をとり戻せるかどうかの試金石であり、もし、失敗に終わり、石原社長が退陣を余儀なくされたら、日産は未来永劫、正常な会社の姿をとり戻すことはできない。

石原政権に最大の危機が到来したと判断したわれわれは、打倒塩路体制のゲリラ戦を本格化させる決断をした。

第5章
ゲリラ戦の開始

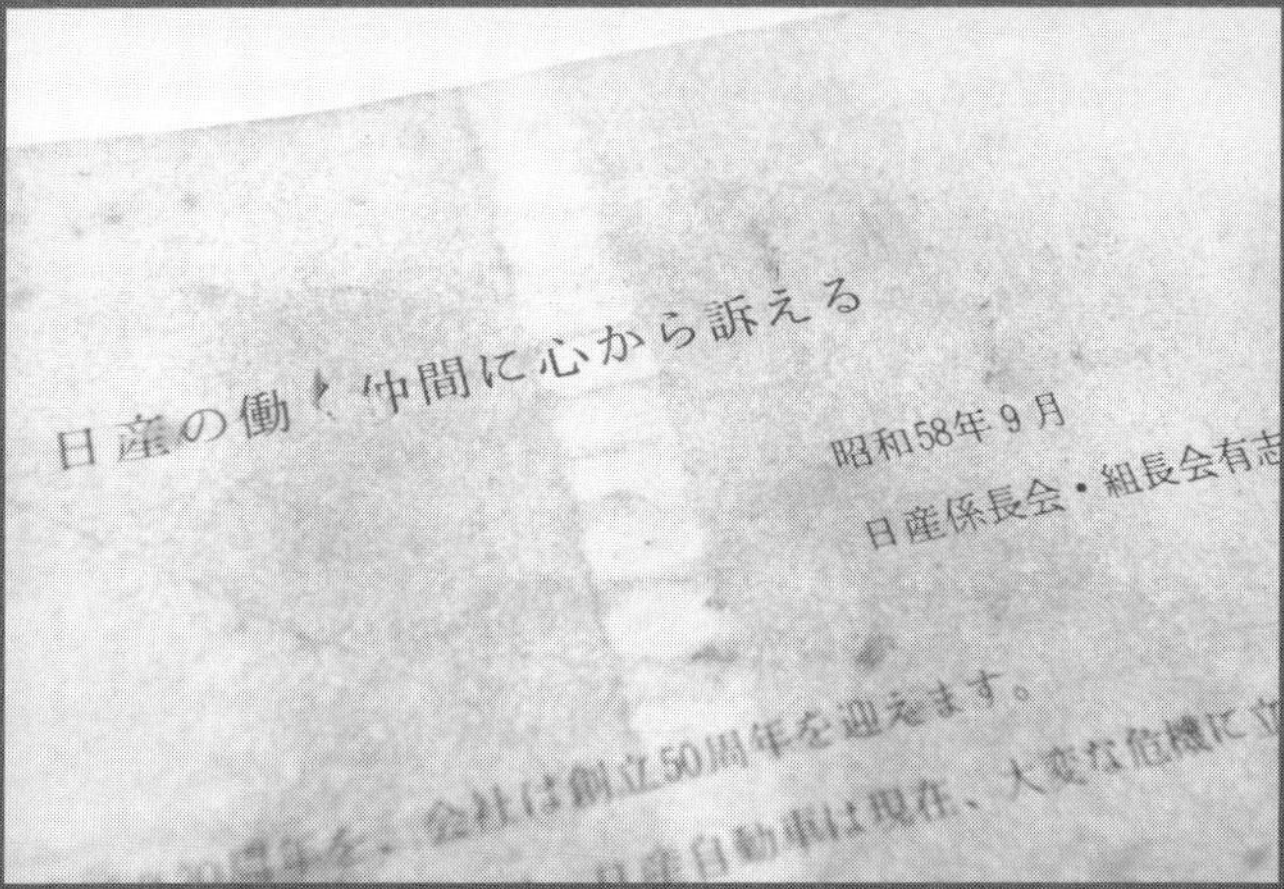
日産の働く仲間に心から訴える
昭和58年9月
日産係長会・組長会有志
会社は創立50周年を迎えます。
自動車は現在、大変な危機に

1　第一弾は「文春砲」

「機動戦」で戦う

戦い方には消耗戦と機動戦があるといわれる。

消耗戦は戦力を最大限に生かして敵を物理的に壊滅させる。敵の戦力を分析し、明確な計画を立て、物量で圧倒して勝つ。指示を出す司令部と実行部隊からなるトップダウン型の組織が適する。敵と真正面からぶつかる正規戦だ。

一方、機動戦は迅速な意思決定と兵力の移動・集中により、敵の弱点を突いて物理的・心理的に主導権を握る。常に変化する状況に対応するため、自律分散的なネットワーク組織が必要となる。ゲリラ戦はまさに機動戦にほかならない。

地下活動を続けていたわれわれには、当然、消耗戦の正規戦を戦うだけの戦力はない。打倒塩路体制の戦いは、広報室と生産管理部の同志八名によるゲリラ戦から始まった。

良識派マスコミへのリーク作戦

ゲリラ戦は、各工場でラインストップの山猫ストが多発したころから、散発的に開始していた。組合批判のビラを作成し、段ボールに貼りつけて銀座の本社や工場の周辺の電信柱に掲げたり、組合員の独身寮のポストに投げ込んだりした。ゲリラ戦のメンバーたちは、仕事を終えた夜に労組の連中に見つからないよう、密かに行動した。

ゲリラ部隊に大きな戦力はないものの、広報室にはマスコミとの接点という武器があった。

塩路一郎はマスコミの記者や編集者たちを、銀座の高級クラブなどに誘い、飲ませ食わせによる抱き込みを日常的に行っていたため、マスコミには塩路シンパの人間がそこかしこにいた。彼らは日産社内の反塩路的、反組合的な言動を見聞きすると、注進に走った。豪州日産の社長だった古川さんが発した言葉を漏らしたのも、そんな一人だった。

ただ、マスコミにも、日産の歪んだ労使関係や労働貴族ぶりに疑問を抱く記者や編集者も少なからずいた。

そこで、わたしや石渡、岡原、勝田といった広報室員は、新聞では朝日新聞や日本経済新聞など、雑誌では「週刊ダイヤモンド」「週刊東洋経済」「週刊文春」「経済界」などのビジネス誌や週刊誌の懇意にしていた良識派の記者や編集者に、ことあるごとに内部情報を提供していた。

新聞の場合、原則的には中立の立場をとりながらも、「石原対塩路の確執」を報じることで、労使関係の異常さを伝える記事を書いてもらうことできた。また、雑誌はもっぱら、塩路関連のスキャンダルに関心を示した。

秘密の活動であるため、われわれが新聞社や出版社に出入りすると目立ってしまう。朝、喫茶店や相手の指定の場所に寄ってから出勤するという隠密の行動にはずいぶん神経を使った。

「週刊文春」の短期集中連載を仕かける

マスコミリークのなかでも、石原社長が英国進出計画を発表し、各工場でラインが停止した年に、わたしが仕かけた「週刊文春」の「自動車産業界のドン　塩路一郎の野望と危機」と題した短期集中連載はかなりインパクトがあった。いまでいう「文春砲」だ。

当時、マスメディアの間では、塩路一郎について、経済誌「財界」が日本経済に貢献した経済人に贈る「財界賞」の候補にノミネートするなど、日本車の対米輸出に対して批判を強めるUAWとの調整でひと役買った国際労働運動家として評価する動きもあった。

これに対し、わたしはその「真の姿」を広く社会に知ってもらい、世論を味方につけようと、週刊文春の副編集長に企画を持ち込んだところ、快諾された。

一九八一（昭和五六）年の七月九日号から四週連続、各七～八ページと大幅に誌面を割いたこの連載は、ノンフィクション作家として数々の著作を上梓されていた佐瀬稔さんが執筆を担当されることになった。

佐瀬さんにはわれわれが地下活動で収集したすべての資料、情報を提供したほか、佐瀬さん自身、塩路一郎本人、川又会長をはじめとする経営陣らに独自にインタビューも行い、書き下ろした連載は次のような構成により、その労働貴族ぶり、日産における現場支配、石原社長との対立構造をあぶり出した。

〈連載第一回〉
・塩路一郎の生い立ち／高額なヨット所有の不可解さ／ロサンゼルスから連れ帰ったピアノバー歌手にまつわる愛人疑惑／追浜工場を皮切りとするラインストップ事件
〈連載第二回　サブタイトルは「『カゲの社長』と噂された男」〉
・労組による人事介入／古川幸氏の追放劇／日産労組結成の経緯／川又追放を阻止した人物／その人物の下番問題
〈連載第三回　サブタイトルは「密議――昨日の同志を斬れ」〉
・塩路一郎による恩人の追い落とし／塩路一郎による全金プリンス潰し／川又―塩路ラインの確立と塩路一郎の絶対的権力掌握
〈連載第四回　サブタイトルは「眼下の敵を潰せ！」〉
・塩路一郎と石原社長との確執

この短期集中連載は、週刊文春の影響力の強さもあって、大きな反響を呼んだ。

ただ、高額なヨットの費用の不透明な出所にしろ、女性スキャンダルにしろ、疑惑は指摘しても証拠の出所は伏せられており、また、塩路本人の反論インタビューも併記するかたちになったこともあり、大きな打撃を食らわせるにはいたらなかった。

作家高杉良氏に実録小説の執筆を依頼

広報室で雑誌メディアを担当する広報二課の課長に昇進していた勝田君は、ビジネス誌「プレジデント」の編集者から紹介された作家の高杉良氏にアプローチした。

高杉良氏といえば、経済小説の巨匠として知られる。われわれがゲリラ活動を本格化させたころ、高杉氏は大手石油会社をモデルにした『虚構の城』（講談社）でデビューして、七〜八年がたち、脂が乗り出していた時期だった。

勝田君は、高杉氏に日産の憂うべき現状を話し、打倒塩路を信じて戦う少数集団がいることを伝えた。一九八三（昭和五八）年夏、塩路一郎が記者会見を行ったころのことだ。

無名だがたくましく生きるサラリーマン像を描いていた高杉氏は、提供された資料や情報をもとに、日産の労使関係を題材とした実録小説の執筆に着手。講談社発行の「月刊現代」で「覇権への疾走」と題したドキュメント・ノベルが一一月発売の一二月号から三回の予定で開始された。

「覇権への疾走」は、舞台回しとして良識派新聞記者をモデルにした「A新聞記者の村田修一郎」と、勝田君をモデルにした「日産自動車本社経営管理室付課長の小見山健」という架空の人物を設定したほかは、塩路一郎、石原俊、川又克二など、主要人物をすべて実名で登場させ、日産でいま進行している事態をありのままに描き、塩路一郎と石原社長の確執を描くという異色のドキュメント・ノベルとなった。

勝田君が仕かけた短期集中連載は、同時進行形であったことから大きな反響を呼び、とりわけ、銀座の日産本社周辺の書店では月刊現代の売り切れが続出した。第2章の冒頭で紹介した『労働貴族』はこの連載を単行本化したものだった。

2　旧国鉄改革に学ぶ

旧国鉄の葛西敬之氏を訪ねる

わたしが東京駅の近く、丸の内にあった国鉄本社（当時・その後解体）を訪ねたのは、塩路一郎が異例な記者会見を行った直後のことだった。

目的は、人事・労務を担当する職員局職員課長の葛西敬之氏（現・JR東海取締役名誉会長）にお会いし、労組との戦い方を教えてもらうためだった。葛西氏は、国鉄改革派の〝青年将校〟の中心人物として、国鉄の現場を支配していた労組と戦いの前面に立ち、分割民営化を推進していたキーマン中のキーマンだった。

葛西さんをお訪ねしたいと思ったきっかけは、マスコミ各紙がその前年のはじめから、国鉄の現場の腐敗を糾弾するキャンペーンを張ったことだった。

一月に朝日新聞が、ヤミ手当の実態を朝刊一面で報道した。東京機関区でブルートレインの検査係に対し、乗務実態がないにもかかわらず、カラ出張で浮かせた年千数百万円を原資にしたヤミ手当が過去一〇年間にわたって続けられていたのだ。

これを皮切りに、各紙が取材合戦を繰り広げたことで、国鉄の現場の規律の乱れが次々と明らかになっていった。三月には、名古屋駅で運転手が機関車を酒気帯びで運転し、夜行寝台に衝突させる事故が発生する。これにより、世論の批判の声は火に油を注ぐように高まり、以降、約二年間にわたって、反腐敗キャンペーンが展開されるようになる。

渉外課長として、毎日のように霞が関界隈を飛び回っていたわたしは、国鉄関連の情報を探るうちに、国鉄の内部で改革を推進する青年将校がいることを知った。

それぞれのイニシャルをとって「ＫＩＭ（キム）」と呼ばれた葛西氏（Ｋ）、井手正敬氏（Ｉ　元ＪＲ西日本会長）、松田昌士（Ｍ　元ＪＲ東日本会長）の三人で、「国鉄改革三人組」と称されていた。三人とも四〇代の課長クラスで、葛西氏がリーダー的存在だった。

この三人の青年将校が、国鉄改革にはまず世論を味方につける必要があるとの判断から、マスコミ作戦を指揮していたのだ。

その二年前の一九八一（昭和五六）年八月、「増税なき財政再建」を掲げた第二次臨時行政調査会（第二次臨調）が発足する。担当大臣には中曽根康弘行政管理庁長官、会長には石川島播磨重工業（現・ＩＨＩ）や東京芝浦電気（現・東芝）の社長を務めた土光敏夫氏が就任した。

第二次臨調は「土光臨調」とも呼ばれ、世の中の期待は高まった。土光会長の下で、国鉄問題を担当した第四部会の部会長には、硬派の加藤寛慶應義塾大学経済学部教授が着任した。一六兆円もの膨大な借金を抱え、経営が行き詰まっていた国鉄を再生させるには、「分割民営化」しかない。

職員課長になる前、本社経営計画室で第二次臨調担当総裁室調査役を兼務していた葛西氏は、国鉄の分割民営化を第二次臨調の目玉のテーマになるよう、加藤部会長に裏から働きかけた。

それと並行するかたちで、自民党の交通部会長で、運輸族の有力議員として知られた三塚博衆議院議員のもとへも通った。葛西氏は、本社に戻る前の仙台勤務時代、宮城県が地盤の三塚氏と面識があった。

翌一九八二（昭和五七）年、自民党のなかに国鉄問題を検討する「国鉄再建小委員会」が設置される。委員長には三塚氏が就いたことから「三塚委員会」と呼ばれた。

国鉄改革三人組は、高木文雄総裁（当時　前職は大蔵事務次官）をはじめとする国鉄上層部の対労組融和・分割民営反対派とは一線を画し、国鉄外の自民党三塚委員会と組み、その秘密の事務局の任を担った。

秘密であるから、出勤前に三塚氏が使っている事務所に集まっては打ち合わせをして解散し、終業後にまた集まっては深夜まで作業をする日々が続いた。三塚委員長は三人組とともに、分割民営化のシナリオづくりにリーダーシップを発揮していった。

職場規律の実態を知るため、三塚委員会は国鉄の現場管理者に匿名のアンケート調査を行った。わたしは渉外課長として自民党との窓口も担当したので、自民党内で作成されていた国鉄改革関係の文書を片っ端からとり寄せ、勉強した。

三塚委員会が実施したアンケート調査には、労組が次々とくり出す無理難題に翻弄され、プライドもてず、本社およびその出先の各地の管理局と現場との板挟みで悪戦苦闘する現場幹部の悔しさがにじみ出ていた。

日産労使と国鉄労使との共通性

国鉄の労使関係の実態を知り、わたしは日産の労使関係とあまりにも酷似していることに驚いた。

国鉄には、国鉄労働組合（国労）、国鉄動力車労働組合（動労）、鉄道労働組合（鉄労）の三つの組合があった。最大組織は組合員二五万人を擁する国労で、戦闘的な動労が五万人、穏健な鉄労が六万人といった陣容だった。

国労および動労は闘争路線をとり、一九六八（昭和四三）年から六九（同四四）年にかけて、一〇日に一回はストで電車が止まるほど、経営側と激しく対立した。

事態を打開するため、経営側は一九六九（昭和四四）年から七一（同四六）年にかけて、「マル生運動」と呼ばれた生産性向上運動を大々的に展開した。これに対し､国労および動労は「マル生粉砕」を叫び、徹底抗戦した。結局、マル生運動は失敗に終わり、磯崎叡《さとし》総裁（当時）は国会で陳謝するにいたった。

国労、動労は約一〇〇〇名の中間管理職の追放を迫り、当局はこれに応じた。以降一〇年間、表面的には労使平和時代が続いた。しかし、内実は、マル生運動に勝利した労組による経営壟断《ろうだん》*の一〇年間だった。

労使間の決めごとを職場ごとに行う「現場協議制」により、労組が現場管理権を握る。列車の運行を人質にとって、現場で業務妨害を繰り返す。なんとか事態を収めたい駅長や助役らは、理不尽な要求をのんでしまう。

人事権へも介入し、組合推薦者が管理職になっていく。これといった仕事もないのに給料をもらうためだけに職場に出てくる「ブラ勤」、病気でもないのに当日になって急に休暇を申し出る「ポカ休」が横行。管理者に暴行して懲戒解雇された職員も再雇用させていた。

労組が現場を支配する実態は、日産とまったく同じ構図だった。

そのため、管理職は疲弊していた。冬になると、北海道や東北では積雪でダイヤが乱れる。列車が遅れてホームに入ってきても、組合員は就業時間中に組合専用の風呂で入浴し、定時退社で職場離脱する。駅長や助役はレールに積もった雪かきやプラットフォームの掃除に追われ、疲労困憊する。マルクス主義を標榜する労組は、「労働者を裏切って管理職になった連中がその作業を行うのは当然だ」と勝手な論理をかざした。

組合員が入る風呂の薪代は管理職が負担する。風呂を焚くために、専従の職員が配置されたりもし

＊壟断……利益・権利をひとりじめにすること。

た。現場だけで結んだ協定によるこうした悪慣行は、駅長や助役を大勢でとり囲んで威嚇し、強引に認めさせたものだった。

問題意識の高い駅長、助役が業務命令を出し、命令違反者は減給処分であるとして労組と戦おうとしても、最後は本社のキャリア組が労組本部と交渉して手打ちをしてしまうので、梯子を外される。絶望からだろう。国鉄の現場は、毎年、管理職から三〇人以上の自殺者を出すほど悲惨さをきわめた。

すべてはマル生運動の敗北以来、積み重なった歪んだ労使関係の負の歴史的所産だった。

こうした状況において、葛西氏ら改革派は、過去に前例のない「一〇万人合理化計画」をともなう分割民営化を推進していた。

国鉄の正常化は第二次臨調や三塚委員会をバックに、きわめて戦略性の高い労組対策を講じながら、世論の支援を受けて、着実な進展を見せていた。それと比べて、日産でのわれわれの活動はといえば、ゲリラ部隊しかない。その落差は目を覆うほどだった。

わたしはまったく面識のない葛西氏に、教えを請う手紙を書いた。

「人事権・管理権の尊厳」を労組からとり戻せ

手紙のなかで日産の現状を次のように説明した。

異常な労使関係に立ち向かうエースと期待された石原社長の登場から四年がたっていたが、正常化に呼応する役員たちの動きはなく、腫れ物に触るように労組対応に終始している。

そのため労組の経営壟断がますます過激化し、生産現場では七工場すべてにおいてラインストップが続き、製造メーカーにとってもっとも重要な指標である生産性の伸び率は、他社の六分の一～八分の一という低レベルに沈んでいる。

そして、会社側が対トヨタ戦略の切り札として打ち出した英国プロジェクトは、労組の反対にあって立ち往生してしまった。

これを仕かけているのはたった一人の男、塩路一郎だった。

誰が見ても不可解な歪んだ二重権力構造。これを正すには、生産現場を支配する裏の権力を倒す〝討幕運動〟が必要だったが、その戦略、戦術がわからない。

わたしは現実をあるのままに記し、葛西氏に戦い方の指南を求めたのだった。

日産は会社としては知名度があるとはいえ、無名の一介の課長に、多忙をきわめる時の人が会ってくれることはないだろう。なかば諦めていたが、ほどなくして、葛西氏から返事が届いた。「お会いしましょう」。わたしは勇躍して国鉄本社の階段を上った。

職員局の扉を押してなかに入ると、正面に葛西氏が座っておられた。わたしより二歳上だが、ほぼ同世代だ。

わたしは改めて、塩路一郎がつくり上げた生産支配、現場支配の構造についてお話しした。葛西氏は日産の現状を理解したうえで、わたしに次のような話をされた。

・会社は管理権を死守せよ。管理権の尊厳はもっとも守るべきことであり、管理権に対する労組の反逆に対しては、もっとも厳しい姿勢で立ち向かわなければならない。たとえば、組合員が交通事故を起こしても、追い打ちをかけて責める必要はないだろう。しかし、管理職に暴言を吐いたり、命令に反したときには厳罰を処すべきである。

・組合と管理権のあり方を話し合っても、管理権はとり戻せない。管理者側があるべき管理権の姿を明確にし、それを実行しなければならない。

・管理権とともに重要なのは、現場の人事権である。会社が人事権を喪失しているなら、問題の本質を明らかにし、そこを攻めるべきである。

・会社がどれだけの決意を持っているかを相手に認識させることが重要である。それができなければ、改革派を結成してそれができる状況にすべきである。

戦いの最終目標として、日産という会社の管理権、人事権の尊厳を回復すべきである。わたしは葛西氏の言葉をそう理解した。

実際、葛西氏は現場でそれを実行していた。日本経済新聞に連載された「私の履歴書」に、激戦地だった仙台鉄道管理局総務部長に着任したときの次のような話が紹介されている。

（現場にはびこる悪慣行について）私はその一つ一つを数え上げ、「あしたからないものとする」と通告した。組合側は「労使が話し合って決めたものを一方的に破棄するつもりか」と激しく反発した。今まで通り強い態度で押せば、会社側は折れる。組合はそう思っていたのかもしれない。だが、私は妥協するつもりなどない。「破棄ではない。はじめから無効なんだ」と蹴飛ばした。

それから、あちこちで起きる反乱を鎮圧して回る日々が始まった。「正当に働くように」と指示すると、組合員が「そのような命令には従わない」と無断欠勤したり、仕事をさぼったりする。これに対して私は、「働いていない分は支払わない」と、片っ端から賃金カットしていった。

信賞必罰で臨んだ結果、賃金カットの山が築かれた。もともと先鋭的な活動家は一握りしかいない。賃金をカットされれば生活にも響くはずだ。組合員の間には動揺が広がっていった。

自らの経験にもとづいた葛西氏の話に強く感銘を受け、われわれの使命を再確認したわたしは、早速行動に移した。

3　全社宅に配布した「怪文書作戦」

社宅のポストの写真を撮って宛先リストを作成

葛西氏が仙台でとったような労組と真正面から対峙する行動を、日産でもあらゆる現場でとれるようにするには、力と力の正規戦が必要になる。

ただ、正規戦は会社として行うことに意義があるが、役員陣も部課長、社員も様子見の状況では、正規戦を戦う体制はすぐにはつくれない。最初の段階として、社員たちに目覚めてもらい、意識を少しずつ変えてもらわなければならない。

それまでゲリラ戦線を展開しながら、塩路労組の異常さをマスコミをとおして社会に訴えると同時に、間接的に、それを読んだ日産の社員たちが現状への問題意識をもつことを期待していた。しかし、塩路労組はかすり傷を負った程度であり、社内の反塩路ムードもほとんど盛りあがらなかった。

われわれはゲリラ戦の方向性を再検討し、来たるべき正規戦に向けた布石として、社員に直接、強く訴える手段に出ることにした。それは大々的な文書作戦だった。

塩路一郎が自らの権力欲のために、経営を蹂躙している実態を明らかにし、立ち上がることを促す檄文を、社員一人ひとりに確実に配布する。当然、われわれの存在は秘密で、匿名の文書だから、労組側にとっては「怪文書」となる。

問題は、どのようにして社員一人ひとりに確実に届けるかだった。人事から住所のリストをもらうことはできない。管理職については出版社が出した名簿があった。また、係長、組長のリストについては、電算課にいた社員に極秘で頼んで休日にコンピューターを動かしてもらい、一覧リストを入手した。そのほかの組合員については、自分たちで汗を流すしかない。

本社、および横浜、追浜、座間、村山、吉原、栃木、九州の全工場で働く社員の寮・社宅のうち東京近郊については、われわれが配布当日の未明に手分けして出かけ、一階にある郵便受けに、誰にも見つからないよう、一戸ずつ直接投函する。

遠方の吉原、栃木、九州については、事前に現地の寮・社宅に赴き、郵便受けに書かれた部屋の番号と居住者の名前をメモしたり、写真に撮ったりして、それをもとに宛名のリストを作成し、郵送することにした。

投函する場所も、ゲリラ部隊のメンバーの自宅近くからだと、消印から投函者が探られる可能性があった。そこで、メンバーの地方にいる親戚宅宛てに文書をまとめて小包で送り、投函を依頼するなどして陽動作戦をとった。

宛名書きも、メンバーが手書きすると、筆跡を調べられるおそれがあったため、それぞれの奥さんなどにお願いした。投函するときも、指紋がつかないよう、必ず手袋を着用するようにした。

労組のフクロウ部隊は、指紋や筆跡の鑑定もやりかねない。慎重に慎重を重ねた。

決行日は、塩路一郎が異例な記者会見をしてから約一カ月後の九月二四日と決まった。ゲリラ部隊はたかだか八名だったが、全社宅・独身寮に同日配布をすることにしたのは、われわれのバックには大きな組織があるのではないかと、労組側に思わせるためだった。

ほとんど計画どおりに実行されたが、吉原工場については不思議なことが起きた。社宅宛てに文書が届かなかったのだ。

後日調べたところ、一つの情報として、「吉原工場の社宅宛てに差出人の住所が不明の大量の郵便物が来たので、日産労組と気脈を通じる全郵政（全日本郵政労働組合）の組合員である郵便局員が不審に思い、日産労組に通報した」という話があった。塩路一郎の自著では「郵送されたものが（労組）にまとめて届けられた」と記されている。

全郵政は日本郵政公社（現・日本郵政）の職員の労働組合で、総評系だった全逓（全逓信労働組合）と路線対立して結成された組合で、日産労組と同じ同盟系だったから、ありえなくはなかった。

ただ、吉原工場を除く社員たちのもとには、確実に届いた。

「日産の働く仲間たちに心から訴える」

それまでわれわれがゲリラ活動で作成していたビラは手書きのガリ版刷りか、タイプ文字のコピーだったが、この怪文書はB５判用紙五枚にオフセット印刷をした〝立派な〟ものだった。

印刷は情報が漏れないよう、わたしの大学時代の友人が東京下町で経営していた印刷会社に頼んだ。

「原稿を書くからどこか部屋を貸してくれないか」と頼むと、「娘が学校へ行っているから、娘の部屋を使え」という。わたしは娘さんの学習机で塩路糾弾の原稿を仕上げると、即、印刷に回した。「日産係長会・組長会有志」の名前で「日産の働く仲間たちに心から訴える」と題して作成した文書は次のようなものだった。

少し長くなるが、われわれが社員たちに何を伝えたかったのか、ここに紹介したい。

日産の働く仲間たちに心から訴える

昭和58年9月
日産係長会・組長会有志

本年は、日産労組は、創立30周年を、会社は創立50周年を迎えます。しかし、この意義ある記念の年にも拘わらず、日産自動車は現在、大変な危機に立っているように思います。

長年、生産現場を守ってきた私たちが、今こそ、しっかりしなければ50周年の年が日産没落の第1歩となるかもしれないとの気持から、我々は、同じ仲間である皆様方に訴えるべく立ち上がりました。どうか現実を直視し、問題点をしっかりつかんでいただきたい。

1. これ以上、塩路会長のいうことについていけない昭和28年、我々の諸先輩が多くの血と汗を流し、多大な犠牲を払って全自動車・日産分会を壊滅させ、新生日産労組を結成して30年がたちました。

また、塩路会長が自動車労連会長に就任して以来21年の長き歳月がたちました。

その間、自動車労連、日産労組は企業基盤の確立、強化こそ組合員の生活の向上の源泉であるとの基本的立場にたち、諸活動をすゝめてまいりました。

しかし、最近、塩路会長が会社の内外で行っている恥ずべき行動は、日産の企業基盤を弱体化させるばかりであり、このまゝでは組合員の将来の生活すらおびやかす危険なものであると考え、生産現場の中核を担う我々係長会・組長会のメンバーは、もうこれ以上、塩路会長の行動にはついていくことはできない、ついていくべきではないと決意し、ここに立上がりました。

塩路会長は、今年に入って、ME協定を逆手にとって、工場の設備導入にストップをかけ、新車の立上がりにありとあらゆるいやがらせをやってきました。

また、先頃は、会社の英国進出計画に反対だからといって、形だけの緊急常任委員会を開き、あたかも進出反対が我々全員の総意であるかのような発表を新聞記者に行い、日産内部の恥を天下にさらしました。

それればかりでなく、この2～3年来、塩路会長が行ってきたことは目に余るものがあります。

この2〜3年間、塩路会長は、組合員の生活の向上、労働条件の改善、そしてその源泉となる企業基盤の拡大などを考えるよりは、いかに経営者におどしをかけ、経営者を追いつめるかだけに全力を傾注してきました。

一体、塩路会長の目的は何なのでしょうか。

それは、以前のように会社から甘い汁を吸えなくなり、自分の権力の範囲が段々と狭められていくのに、あせりを感じた塩路会長が昔の権力を取り戻すため、組合や、生産現場をバックに混乱を起こさせ、あわよくば、経営者を追い出したい、ここに塩路会長の真の目的があるようです。

そうでなければ、こんなデタラメなことを次から次へとする筈がないでしょう。

トヨタにしても、いすゞ、本田にしても、他の自動車メーカーの労組の委員長は、皆な、ずっとまともです。

塩路会長のようなバカなことをやっている労組指導者は、日産を除いて、どこにいるでしょうか。

このまゝ、塩路会長の行動を許せば、我々の生活の基盤である会社は、やがて体力が疲弊し、2位の座から、3位、4位へと転落していくことは明らかです。

塩路会長1人の権力を満たすために、我々の生活が犠牲にされたのではたまったものではありません。

2．このままでは会社は没落の一途をたどる

塩路会長が我々の生産現場に対して行ってきたいやがらせの主なものを次に列挙いたします。どうか、これを見て、塩路会長が本当に正しいことをやっているのかどうかをよく考えていただきたいと思います。

これらの事実は我々有志が各工場と連絡をとりあって集めたものです。

（中略……ライン停止の続発やＭＥ協定を逆手にとったロボット導入ストップなどの例が列挙される）

塩路会長はかねがね会社の国内シェアが年々下がっているのは経営者の無能のせいだと言ってきましたが生産現場から満足に車がでないようにし、販売の足を引っ張ろうとしている真犯人は、正に、塩路会長その人ではありませんか！

このようないやがらせが2年も3年も積み重なっているわけですから、日産の生産性があがるわけがありません。

ある係長が職制から聞いた話では日産の生産性はトヨタを下回っているのは勿論のこと、東洋工業にも抜かれているという惨たんたる状態にあるとのことです。

今、塩路会長のこのような〝活躍〟を手をたゝいて喜んでいるのはトヨタなのです。

企業は上昇するのは並大抵のことではありませんが、落ちるのは早いといわれます。

繰り返しますが、我々がこのまゝ、塩路会長の私利私欲のためのやりたい放題を許しては、日産はじわじわ活力を失い、やがて立ち枯れて没落の急坂をころげ落ちていくことでしょう。

3．日産の役員に訴える

塩路会長が現在、会社に対して行っている数々の不当行為の100分の1でも、いや、万分の一でも、もし名もない組合員が行った場合、会社はどうするでしょうか？

その組合員は必ず懲戒免職にされ、職を失い、一家は離散の悲劇を罰として受ける筈です。


役員の皆さんに訴えたい。

何故塩路会長だからといってそのことが許されるのかと。

塩路会長が自分の権力を日産圏内に確立したいがために、会社側に数々のいやがらせを行いその為に1日何千万円もの損害を会社がうけていることは、役員の皆さんが一番良く知っておられる筈です。

何故、会社役員は、このような日産の危機に直面し、毅然たる態度をとっていただけないのですか？

日産の原点である生産現場をこれ以上、塩路会長のオモチャにさせないでもらいたいのです。

不良息子の家庭内暴力におびえ、オロオロと逃げまわるだけの情けない父親の姿に、役員の皆さんがなってもらいたくありません。

日産自動車を「塩路自動車」にしないためにも、どうか勇気をもって、塩路会長のいやがらせに立ち向かって下さい。

4．再び日産の現場を支える皆さんに訴える

30年前、全自・日産分会益田組合長は、「企業は消えても組織は残る」と豪語し、ありとあらゆる生産非協力と経営妨害を斗争手段に日産を存亡の淵まで追い込みました。組合が生産現場を管理し、ラインスピードは益田組合長の意のまゝでありました。
それから30年——。今、塩路会長がやっていることは、正に益田組合長が30年前にやったことと同じではありませんか！

日産は塩路会長が1人で作ってきた会社ではありません。

我々や皆さんが一生懸命努力して作ってきた会社ではありませんか。

たった1人の労働貴族の権力欲のために、5万人社員の日産自動車が没落の道を歩むようなことを絶対許してはなりません。

錆は鉄より生じて、やがて鉄そのものを亡ぼす――といいます。日産という企業内に生じた塩路会長という鉄サビは、我々日産人が除去しなければ、誰も取り除いてくれないのです。

そのことを肝に銘じて、明日から、生産現場に向かおうではありませんか。

吉原工場のハプニングはあったものの、怪文書は社内に大反響を巻き起こした。川又会長の目にも入り、「これはすごい文章だ。書いたやつに会いたい」と周囲に語ったという話も伝わってきた。労組の目が光る職場ではおおっぴらには話題にできないが、職場を離れると、そこかしこで社員たちは檄文について語り合った。

反響が大きかったためか、労組の牙城の横浜工場などでは、「労連会長を誹謗する悪質な怪文書」として回収命令が出されたようだった。

差出人を割り出すため、目星をつけた人間の筆跡や指紋を裏組織を使って密かに入手し、宛名の筆跡鑑定や封筒の指紋照合も行ったらしい。こちらも先方のやり口を読んでいたので抜かりはなかった。

「錆は鉄より生じて、やがて鉄そのものを亡ぼす」――文書のなかで用いた文言は、仏典の一つである法句経《ほっくきょう》のなかにある言葉からとったものだ。

この怪文書作戦は、日産の社員に正論をぶつけ、日産の未来を危うくする塩路一郎という「鉄サビ」をとり除くべく立ち上がるよう、日産人としての理性と正義に訴えるものであり、塩路体制に一定のダメージを与えることができた。

ただ、怪文書は、匿名有志からのメッセージであって、効果が限られるのも確かだった。

より大きなダメージを加えるには、どうすればいいか。

それには、やはり、塩路一郎という人間の個人的スキャンダルについて、疑惑の提示だけでなく、明確な証拠をもって示し、社員の間で心理面から反発心を喚起させるのがもっとも効果的と思われた。情報はスキャンダラスであればあるほど、真実味が増すからだ。

しかし、確固たる証拠をつかむには、尋常な手段を使っていたのではとうてい不可能だ。わたしは怪文書作戦と並行して、ゲリラ部隊の仲間たちには話さず、単独である行動を開始していた。

塩路一郎の最大の弱点である「女性スキャンダル」をあばく。

仲間たちに伏せたのは、一つには集団で動くとどこからか情報が漏れ、相手側に察知されるのを徹底して避けるためもあった。

しかし、それ以上に、証拠をつかむためにわたしがとった方法は、なんら成功の保証もない、きわめて危険をともなう行為であり、仲間を巻き込むわけにはいかなかった。

第6章
辞職も覚悟した「佐島マリーナ事件」

1 「女性スキャンダル」をねらえ

佐島マリーナで塩路一郎をキャッチせよ

横浜と横須賀を結ぶ横浜横須賀道路を逗子インターチェンジでおりて、逗葉新道から葉山に入る。三浦半島をぐるりと一周する国道１３４号を一〇キロほど南へ進むと、佐島マリーナに着く。

これは東京からのルートで、藤沢にあるわたしの自宅からだと、１３４号を相模湾沿いに走り、鎌倉、逗子を抜けていくので、一時間ほどの距離だ。

塩路一郎は週末、ヨット遊びにやってくる。わたしが佐島マリーナで、毎週土日、単独で張り込むようになったのは、怪文書作戦を進めていた一九八三（昭和五八）年九月のことだった。

打倒塩路一郎に向け、激烈な一撃を与えるには、個人的なスキャンダルの明確な証拠を示して明みに出すしかない。金銭面を調べようとしたが、自動車労連では会長の息がかかった金庫番の女性がすべてをつかんでいて、他の組合幹部にも実態はわからない。個人で交際費をいくら使っているかも不明だ。銀座や六本木のクラブで半年に二〇〇〇万円、三〇〇〇万円を使っているという噂はあるが、証拠がない。

労務対策に協力した関連企業や取引先からお金が入っているとか、上場前の株をもらったといった話も、実態はつかめない。

金銭が難しければ、女性しかない。最大の弱点は女性関係であり、関連する情報もいちばん多く収集していた。

週末のクルージングにはたびたび、愛人のホステスを一緒に連れていく。その密会現場の写真を撮り、証拠を押さえる。わたしは新潮社の写真週刊誌「フォーカス（ＦＯＣＵＳ）」編集部の親しかった編集者のＰさんに、話を持ち込んだ。

「おれはね、Ｐさん、どうしても、この男を倒したいんだ」

Ｐさんも日産の異常な労使関係について知悉《ちしつ》していたし、打倒塩路一郎が、わたしの個人的な恨み辛みからではなく、労使関係を正常な状態に戻すためであることも知っていた。

「わかった、川勝ちゃん、やろう。おれが一緒にやってやるよ」

熱血漢Ｐさんは目を輝かせ、一も二もなく引き受けてくれた。われわれはさほど力がなかったが、義憤からの戦いに共感してくれるマスメディアの協力は本当に心強かった。

写真週刊誌の草分けとなったフォーカスはその二年前に創刊されていた。

記事だけではなく写真を前面に押し出し、張り込みや突撃取材で撮った有名人やタレントの密会現場や、政治事件、災害、事故など、スクープを連発して、新しいジャーナリズムのスタイルを確立していた。販売部数はピーク時には毎週二〇〇万部を突破し、「フォーカスされる」という流行語までつくられた。

佐島マリーナに向かう撮影隊は、車が一～二台、バイクが一～二台という陣容だった。一回あたりの出動費用はばかにならない。Pさんは自分の取材経費の枠内でやりくりしてくれた。

ところが、毎週張り込んでも塩路一郎はなかなか姿を見せず、空振りが続いた。取材経費も余裕がなくなってきた。さすがに編集部に申し訳ない。そこで、わたしがかわって張り込み、もし、本人が女性を連れてあらわれたら、Pさんに連絡し、撮影隊を急行させてもらう段取りにした。

佐島マリーナは五階建てだが、地形の関係からか、少し変わった構造になっていた。三階部分の半分が屋外駐車場になっていて、建物の横の坂を上って、ここで車を止め、三階にある入り口からフロントへと進む。三階は相模湾を望むレストラン、四～五階は客室、二階が研修室、大浴場、一階がメンバーズルーム、艇庫となっている。

わたしは入り口のすぐ横に自分の車を止め、見張った。ここなら、塩路一郎の乗る車が坂を上って駐車場に入ってくるのがすぐわかる。

この見張りには、もう一人、心強い助っ人がいた。妻の育子だった。

わたしが塩路体制と戦う意志を固め、活動を開始したころ、辻堂海岸で「塩路さんを倒すなんて、こんな危ないことやめてください」と、涙を流しながら頼んだ妻も、このころにはもっとも身近な協力者となり、日射しの和らいだ九月半ばからは、ときどき、危険な張り込みを手伝ってくれた。

前の年に三男が生まれていた。妻は幼子を背中に負ぶい、日陰でオムツを替えながら、建物の横の坂の下に立った。

晴れの日ばかりではなかった。張り込みの途中で雨が降り出し、妻は地面に立てかけた傘の下でオムツを替えていた。風が吹いて傘が飛び、冷たい雨が息子の顔を濡らした。

佐島マリーナは天神島という周囲一キロほどの島にあり、坂の下からは島に渡る小さな橋が見える。塩路一郎は私用の際は、子会社の日産車体所有のフェアレディZの2by2（4シート）に乗り、専属の運転手に運転させてやってくる。もし、フェアレディZが橋を渡るのが見えたら、妻が坂を駆け上がってわたしに知らせにくる手はずだ。携帯電話などない時代だった。

子連れの夫婦そろっての張り込みなど、端から見たら滑稽な光景だったろうが、わたしも妻も真剣だった。

女子大時代に書道部に所属していた妻は、活動に必要な文書類を作成するため、毎回、わたしの下書きの清書もしてくれた。妻の献身がわたしの心をどれだけ支えてくれたことだろうか。

塩路一郎、あらわる

張り込みを続けて二カ月目の一〇月三〇日、日曜日。その日はわたし一人で張り込んでいた。

午前中、一台のフェアレディZが駐車場に入ってきた。ドアが開き、助手席から小太りの男が降りてきた。塩路一郎本人だ。続いて、助手席が前に倒され、後席に乗っていた若い女性が、降りてきた。

女性が先に歩く。その後ろを、もみ手すり手をするような浮かれた格好でついて歩き、入り口に入っていった。わたしは見つからないようにそのあとから入り、公衆電話の受話器を握った。プッシュボタンを押す指が心持ち震えている。

「Pさん、やっときたぞ」

心臓がバクバクして、興奮を抑えきれない。

「そうか、わかった。すぐ行く」

高速を飛ばせば一時間半で着くが、撮影隊がやってくるまでの時間がやけに長く感じた。

ソルタス三世号の係留バースは駐車場から見て桟橋のいちばん手前、駐車場の端から見下ろせる位置にあった。ヨットはクルージングに出ていた。張り込み取材に慣れたカメラマンは駐車場の物陰から望遠レンズを装着したカメラを手に、帰港を待った。

やがてひときわ大きい船体があらわれ、ゆっくりと着岸した。キャビンから若い女性が出てきて船尾の柵にもたれかかって立った。髪の長い美人だ。カメラマンは気づかれないよう、レンズを構え桟橋に向けると、タイミングを逃さずシャッターを切り、その姿をカメラに収めた。盗撮は成功した。

夕方、フェアレディZが佐島マリーナを出ると、撮影隊はさらにあとを追ったが、運転手はA級ライセンスをもっており、どんな追跡も振りきれるプロだ。途中、気づかれるおそれがあったため、尾行は中断したとのことだった。

その後も、わたしの張り込みは続いた。

一一月二週目、一二日の土曜日も張り込むつもりでいた。わたしは遠出の場合は、事前に車の点検をするのが習慣で、前もってエンジンをかけてみたが、うんともすんともいわない。やむをえず、広報室がマスコミの記者に試乗してもらうための試乗車を使わざるをえなかった。わたしの愛車は日産のローレルだったが、試乗車はサニーのディーゼル車だった。

いつもと勝手が違ったせいか、佐島マリーナに着き、キーを差し込んだまま降りて、ドアをロックしてしまった。「しまった」。車内には持参した望遠レンズ付きのカメラを置いたままだ。

仕方なくフロントに行って、顔見知りの支配人に事情を話した。「よくあることですよ」と、支配人は窓とドアのすき間に道具を差し込み、いとも簡単に開けてくれた。

この日も塩路一郎はやってきた。連絡で駆けつけた撮影隊は、また駐車場でカメラを構えた。わたしは日産が社用に確保していた五一六号室を予約しておいたので、部屋の窓から双眼鏡で桟橋を見張った。

この日も撮影に成功した。あとは掲載を待つばかりだった。

2　痛恨の大失態

中央経営協議会で逆襲される

そのころ、会社では、長く中断していた中央経営協議会、通称中央経協が九月半ばから再開され、英国進出計画の問題が労使双方で協議されていた。

石原社長も最終的には労組側の同意を得ようと考え、中央経協の再開に応じたのだ。当初の計画を、川又会長や役員たちの意見もとり入れて修正し、中央経協の場に提示していた。最初から二〇万台をフル生産せず、漸進的な方法で計画のリスクを抑え、安全性を増す案だった。

すなわち、プロジェクトを二段階に分け、第一段階ではノックダウン生産（日本から主要部品を輸入し現地で組み立てる方式）による実験工場でスタートする。そして、英国での生産事業の可能性を見きわめ、見通しが得られれば、第二段階として本格工場の建設を進める。その場合も工場の規模は一〇万台を予定するという二段階方式だった。

ところが、中央経協が、まったく先に進まなくなるという予想外の事態に直面することになる。原因は、わたしが気がつかないうちに犯した大失態にあった。

それは、わたしが会社の試乗車で佐島マリーナに出かけてから二日後の一一月一四日、月曜日のことだった。その日は、午前中に中央経協が開催される予定だった。

午後、わたしが外出先から戻ると、ゲリラ部隊の仲間で、同じ広報室の管理課長の石渡さんが血相を変えてやってきた。

「川勝君、た、たいへんだ。先週の一二日の土曜日、どこへ行っていた」

「佐島です」

「車は、何を使った」

「会社の試乗車です」

「何しに行ったんだ」

石渡さんに矢継ぎ早に質問されたわたしはこのとき初めて、佐島マリーナでの単独の行動について打ち明けた。

「なんだって、そんなことをやっていたのか」

常に冷静沈着で大局観を失わず、わたしの最大の理解者でもあった石渡さんは、仲間に無断の単独行動を何も責めなかった。それよりも、予想外のことをいい始めたのだ。

「その車の車検証が今日の中央経協で組合のほうから出され、とんでもないことになっているんだ」

「車検証ですか……」

広報室の隣には会議室があり、そのちょうど真下が中央経協が開かれる部屋になる。建物の構造のせいか、階下の音声が上に筒抜けで、中央経協が開催されるときは、毎回、広報室員たちは会議室で階下から漏れる声に聞き耳を立てていた。

その日の中央経協で起きた事件の一部始終を石渡さんから聞き、わたしは全身から血の気が引いた。一二日にわたしや撮影隊が佐島マリーナにいたことが、すべて塩路側にバレていたのだ。実はロックを外してくれた支配人は労組と通じていた。

われわれの動きは、フクロウ部隊も入っているヨットのクルーたちによって、一部始終が監視され、車のナンバーもメモされた。そのナンバーからわたしの乗ってきた車が会社の試乗車であることも判明した。

問題は、広報室員のわたしが会社所有の車で来て、マスコミらしき撮影隊と行動をともにしていることだった。

わたしがゲリラ活動の首謀者であることは気づかれていなかったが、アンチ労組派であることはつとに知られ、マークもされていた。その川勝が会社の車を使って来ている。また、その日は偶然にも広報室長も佐島マリーナに来ていた。そして、これもたまたまだが、フォーカスの撮影隊のほかにも、英国進出計画の問題について自動車労連会長に話を聞こうと、日経と朝日の記者も姿を見せていた。

これらのことから、塩路一郎は、わたしが石原社長の手先であり、一二日の一件は、石原社長が命じて、わたしやマスコミを使って、自分のプライベートの写真を盗み撮りしようとしたと考えた。

そして、会社の仕業である証拠として、わたしが乗ったサニー・ディーゼルの車検証のコピーを中央経協の場で石原社長に突きつけて、納得できる説明を求め、「それがないかぎり、英国プロジェクトの審議にはいっさい応じない」と、協議を突っぱねたのだった。

この佐島マリーナの一件を中央経協の場にもち出したのは、これを利用して英国プロジェクトを潰すだけでなく、石原社長の責任を追及し、失脚に追い込もうとするためで、その魂胆は明らかだった。

塩路一郎を倒すためにとった行動で大失態をしでかし、逆に石原社長の立場を危うくさせてしまった。わたしはなんということをしてしまったのか。悔やんでも悔やみきれなかった。


中央経協の場で、塩路側との矢面に立ってくれたのは、人事とともに広報担当も兼務していた細川常務だった。

次に開かれた中央経協では、一二日に広報室渉外課長のわたしが佐島マリーナにいたことを認めたうえで、双眼鏡をのぞいていたのはバードウォッチングでもしていたようだと説明してくれたようだった。そのあたりが強心臓の細川常務だった。しかし、カモメくらいしか見えない海辺なので、労組側も納得するはずがなかった。

中央経協は、空転に次ぐ空転を重ねた。

佐島マリーナにいた理由を何か考えなければならない。わたしは大学時代の友人に電話をかけ、「一緒に釣りに行ったことにしてくれ」と頼み、その旨、細川常務に説明してもらったが、これも先方が納得するはずもなかった。

考え抜いた末、わたしは渉外課長の立場を使い、「実は仕事である著名な政界のフィクサーと会っていた。本当のことをいえなかったのはそのためだ」と最後の手を使った。

この説明に、政界とつながりのある塩路一郎は敏感に反応した。川又会長に会い、「川勝にフィクサーの名前を明かさせてくれ」「川勝を日産から追い出してくれ」と土下座までして頼んだという話が細川常務を介して伝わってきた。疑心暗鬼から、「政界のフィクサー」の言葉がよほど効いたのだろう。

すると、川又会長は経営会議の場で管理職の名前が記入された会社の大きな組織図を広げると、広報室のわたしの名前を指さし、「広報室に川勝という男がいて、とんでもないことをやっていると聞いた。この男をいつ辞めさせるんだ」と石原社長に迫った。川又─塩路の関係は依然続いていたのだ。

しかし、石原社長はそれに応じることなく、「そういう話は経営会議にふさわしくありません。おやめください」と制したと細川常務から聞いた。

「川勝が勝手にやった」と課長一人の首を差し出せばすむものを、それをよしとしない。

古川さんは川又─塩路体制下で、「あれ（塩路）はたいした人物ではありませんよ」と新聞記者に話しただけで社外へ放逐された。一方、わたしは中央経協空転の原因をつくった張本人であるにもかかわらず、石原社長は追放しようとしない。

わたしは広報室勤務ながら、渉外課長だったので仕事上で石原社長とは直接、会ったことはなかったが、塩路労組の動きに関するレポートを広報室として社長宛てにかなり上げていたので、わたしの存在は知っていたはずだ。

佐島マリーナにわたしが出かけた行動について、なんらかのかたちで反塩路的な動きをしていると石原社長は読んだのかもしれない。そのわたしを要求どおりに更迭したら、第二の古川さんを生むことになり、人事への介入を容認することになってしまう。絶対、認められなかったのだろう。

石原社長には、直接、本当のことを伝えよう。会社で会えば、つながりを疑われる。ご自宅に訪ねようと決めた。

石原社長宅への電話

夜は番記者が夜討ちをかけている可能性がある。訪ねるなら、早朝がいいだろう。石原邸に近い高輪プリンスホテル（現・グランドプリンスホテル高輪）に泊まり、夜、電話を入れた。

「大変お騒がせしている川勝です」

「ああ、君か」

受話器から石原社長の野太い声が伝わってきた。

「なぜ、佐島に行ったのか、お会いして説明をさせていただきたいのですが。大学時代の友人と釣りに行ったのも、政界のフィクサーと会っていたのもうそです。本当のことをお話しします。明日の朝、お伺いしてもよろしいでしょうか」

ひと呼吸置いて、こんな言葉が返ってきた。

「いや、君、来ることはないよ。君は自分の信念にもとづいて行動しているんだろう。君は君の思いどおりにやればいい。ぼくはぼくで英国プロジェクトをきちんとやる。君を踏み台にして英国プロジェクトを進めるつもりはない。それで、一件が落着したら、会社で会おうじゃないか」

部下を踏み台にはしない。その言葉に、思わず胸が熱くなった。叱責されるのを覚悟していたが、逆に励まされた。わたしのとんでもない勇み足で、経営側は窮地に追い込まれ、石原社長が三年近くかけて準備してきた英国プロジェクトが頓挫しているにもかかわらずだ。

なんとしてもこの事態を打開しなければならない。わたしは心に誓った。

3 「ヨットの女」を見つけ出せ

銀座で「ヨウコ」を探す

頼みの綱はフォーカスだった。しかし、写真の掲載誌はなかなか出なかった。しびれを切らして、編集部を訪ねると、Pさんと一緒に出てきた上司の編集長から、ヨット上の女性の写真を前に、こういわれた。

「川勝さん、考えてもみてよ。塩路には娘さんがいるでしょう。この女性は娘の友だちだといわれたら、どうします。これが塩路の女だということがわからないかぎり、出せないんです」

編集長の話ももっともだった。ただ、本人が「自分の愛人」と認めるはずはない。となると、写真に写ったホステスの口から証言をとるしかない。

「わかりました。ならば、わたしがこの女性を探し出します」

咄嗟にそう答えていた。事態を打開するにはそれしかなかった。

翌日から、わたしは退社後、夕暮れ時の銀座の街角に立った。

手にはフォーカス編集部からもらった女性の顔のアップ写真。それ一枚だけが手がかりだ。髪が長く、肩まで伸びている。特に耳殻が張り出しているのが特徴だった。

通りを行き交う出勤途中のホステスらしき女性一人ひとりの顔と髪の長さと耳殻に注目し、写真と照らし合わせる。髪の長いホステスはそんなに多くないだろうとたかをくくっていたら、驚いたことにみんな長かった。どうやら流行りのようだった。

そのころ、わたしは職場で社内の〝さらしもの〟状態になっていた。

広報室の部屋は新聞担当の一課、雑誌担当の二課、渉外課、管理課が横に並んだ横長のかたちで、廊下側は長い通路になっていた。

中央経協が空転して以降、その原因をつくった男として、わたしの名前は本社中に知れわたっていた。「川勝って、どんなやつだ」。広報室に用のない社員たちが、塩路一郎の写真を盗み撮りしようとしてバレた間抜けな男の顔をひと目見ようと、〝見学ツアー〟にやってくるようになった。

鰻の寝床のような長い通路を小走りで駆け抜けながら、窓側に座ったわたしにチラリと横目でさげすむような視線を送る。さらしものは耐えがたかったが、休んだら負けだ。毎日必ず出社し、何食わぬ顔で仕事をするふりをしていたが、心のなかは穏やかではなく、嵐が吹き荒れていた。

この窮地からは、自分で抜け出すしかない。夕方五時の退社時間になると、そそくさと帰り支度をし、銀座の辻々に立った。佐島マリーナで塩路一郎を見張ったこと自体は間違っていたわけではない。自分の行為の正当性を証明するためにも、ヨットに乗っていた女性を見つけるしかなかった。

しかし、銀座の高級クラブで働くホステスは、なん百、いや、なん千人いるかわからない。たった一人を探し出すのは、海辺の砂のなかから一本の針を見つけるようなもので、奇跡に等しく、それに挑むのは、無謀な行為で常軌を逸していた。

ただ、「異常な人間を倒すには、自分はそれ以上に異常にならないといけない」という、自らに課したテーゼだけがよりどころだった。

「あなたは、なんのためにこんなことをしているのか」

「川勝さん、もうやめなよ。こんなことしていてなんになるの。普通のサラリーマンに戻りなよ」

塩路一郎が渡米時に通っていたロサンゼルスのピアノバー、コーキーズについて調査をお願いした石川好さんが帰国されたと聞いて、銀座の喫茶店でお会いした際、石川さんはわたしの顔をしげしげと見つめながら、そういわれた。

「あんた、石原さんの手下になって動いているのか」

石川さんもわたしが石原社長の指示で動いていると思っていたようだった。

「いえ、まったくそうではありません」

言下に否定しても、「そんなの考えられないよ、普通では」とにわかには信じられない様子だった。

確かに、バックに大きな力がある、と考えるのが自然なのかもしれない。塩路一郎はそう決めつけていたし、古川さんも真っ先にそれを疑った。一介の無名のサラリーマンが独自の判断で動いているわれわれの活動は、「普通」ではないのかもしれない。

では、「普通のサラリーマン」とはなんなのだろうか。

「あんた、まさか石原さんに使われてやっているんじゃないだろうね。おれは、あんたがやっていることは正義だと思うから、記事を書いたんだ。もし、あんたが〝石原機関〟の一員で、経営者の使い走りをやっていたら、おれ、怒るよ」

労組の山猫ストなどの情報を提供し、たびたび記事に書いてもらっていた朝日新聞の記者のQさんからも、酒を酌み交わした際、同じように問われたことがあった。

「川勝さん、あんたね、これ、なんのためにやっているの」

Qさんは日産の歪んだ労使関係もわかっていたし、塩路一郎が経営を蹂躙しているままでは日産に明日はないと思って、われわれが立ち上がったことについても知っていた。ただ、それだけでは、特に力をもっているわけでもない蟻のようなわれわれが、巨象を倒そうとしていることが信じられない。

だから、「石原機関」を疑った。

「なんのためにやっているの」の問いに、わたしは一瞬、返答に窮した。いろいろ思いをめぐらし、ふと思いついて、こんなたとえ話をしてみた。

わたしの自宅は藤沢駅から小田急線で二つ目の善行駅が最寄り駅だ。夜遅く、藤沢駅で電車に乗ったとする。車内は空いていて、向かい側の席に若い女性が座っていた。そこへ、ヤクザ風の男がやってきて、女性の隣に座り、ちょっかいをかけ始めた。女性はひどく困っている。助けようか。しかし、助けに入れば、自分が返り討ちにあって暴力をふるわれるかもしれない。あと二駅、見て見ぬふりをすれば、無事に家に帰れる。多くの人はそうするだろう。でも、それができず、男に向かって、「あんた、何やっているんだ」と口に出してしまう。

「それと同じです。わたしの行動はそうとしか説明のしようがありません。信じてもらえるかどうかわかりませんが、わたしはそれをやっているのです」

自分でも正直、なぜ、こんなに危険で、端から見ればバカなことをやっているのか、明確に説明できないところがあった。

はっきりしていたのは、愛社精神からではなかったことだ。会社のために戦うという意識ではなかった。

ただ、いま、振り返ると、自分自身の生き方にかかわることだったように思う。

男にちょっかいをかけられて女性が困っているのに見て見ぬふりをするのは、自分の生き方としてジャスティファイ（正当化）できない。自分はいかに生きるか、自らの人生の意味づけができない。

それは会社のなかでの生き方についても同じではないか。日産という会社においても、自分はいかに生きるか。塩路一郎というエイリアンが巣食っているかぎり、日産に明日はない。刃向かったものは人生を奪われる。それを見て見ぬふりをして何もしないのは、自分の生き方としてジャスティファイできない。そんな気持ちだったように思う。

辻堂海岸で妻から、「もうこんなことはやめてほしい」と涙ながらに懇願されて、受け入れるわけにはいかなかったのも、自分の生き方にかかわることだったからだ。

要は、おかしいことはおかしいといえる生き方をしたい。

それは、同志のみんなも同じだったのだろう。それがわれわれにとっては、「普通」の生き方であり、ある意味、人間としての当たり前の思いが活動を支え、孤独な戦いを支えていた。

妻がもらった六〇〇万円の遺産を軍資金に

毎夜のホステス探しは続いた。来る夜も、来る夜も、銀座の街角に立った。

ホステスの名前は「ヨウコ」だ。わたしは渉外課長としてつながりのあった、塩路一郎と近い関係の政界のフィクサーから、当時、塩路一郎が執心だったホステスが「ヨウコ」と呼ばれていたことは聞いていた。

その名前に一縷の望みを託し、仕事関係で使っていたクラブのママに、「ヨウコ」という名前のホステスはいないかさぐってもらったのだが、こちらも手がかりは乏しかった。

街角に立って探すだけでは、らちがあかない。わたしは多少ともそれらしきホステスを見つけたら、あとをつけ、そのホステスが入っていった店に客として入り、探す作戦に切り替えた。

「一見さんお断り」の店もあったが、ボーイに、「自分は遠洋航海の船員で明日から船に乗るから、今晩ちょっと飲ませてほしい。お金はもっている」などと口実を使い、財布の中身を見せて、入れてもらったりした。財布にはいつも三〇万円は入れておいた。

店で席に着くと、「自分はヨウコという名前が好きなのだが、ヨウコというホステスはいないか」とたずねる。空振りも多かったが、いたときは、そのホステスがちょっと席を外したすきに写真をとり出し、耳殻の張り出し方を比べた。

ある店では、ヨウコが二人あらわれて面食らったこともあった。

ヨウコというホステスがいないときは、その店のママに「ヨウコというホステスがいる店は知らないか」と聞き、思い当たる店を教えてもらって、出かけたりもした。しかし、ヨットの女性は見つからなかった。

費用は自腹だ。銀座の高級クラブは一回入れば一〇万円前後はかかる。特に店名に「花」の文字が入る店は高く、席に座っただけで八万円とられるといわれた。

ちょうどそのころ、妻に親族の遺産が六〇〇万円ほど入った。「これを使わせてほしい」と頼み込んだ。妻は内心では拒否したかったと思うが、文句をいわず応じてくれた。ゲリラ活動でかかった印刷代や立て看代などもここからすべて出ていた。妻には申し訳ない気持ちでいっぱいだった。

昼は恥さらしに耐え、夜はクラブめぐりを続けるものの、見つからない。毎晩二軒は回るので、六〇〇万円の軍資金もついに底をつき始めてきた。

夜遅く、憔悴しきって藤沢の自宅に戻る。その憔悴ぶりを心配したのか、妻は日曜日になるとわたしを海へと連れ出した。海を見れば、人間は元気が出ると思ったのだろうが、潮風に吹かれても、わたしの心は鬱々《うつうつ》としていた。

中央経協は依然、空転が続いていた。一二月二六日は会社の五〇周年の創立記念日で、その日の中央経協では何か進展があるのではと期待されたが、それもかなわなかった。

辞表を提出

万策尽きた。このままわたしが会社に残っていたら、石原潰しの材料に使われる。わたしは細川常務の部屋を訪ね、辞表を差し出した。

「こんなの受け取れるか！」

細川常務は烈火のごとく怒り、その場で辞表を破り捨てた。

「川勝君､石原さんがなんといってくれているか知っているかい。英国はもういいよ。英国だけがヨーロッパじゃない。ほかのところだっていいんだ。そういっているんだよ」

ぽつりといった細川常務のその言葉は、衝撃的だった。

欧州のほかの国々は日本メーカーの進出を警戒していたから、容易には受け入れない。だから英国が選ばれた。ほかの場所を一から探すなど、できるはずがない。

英国プロジェクトが潰れたら、海外展開に活路を見いだそうとした石原社長の戦略は頓挫し、英国の自動車産業を再建したいというサッチャー首相の希望も水泡に帰す。それを承知でそこまでいってくれているのか。思わず、涙があふれて止まらなくなった。

「すみません。少しここにいさせてください」

涙顔で廊下に出るわけにはいかない。わたしはしばらくソファに座り、涙が乾くのを待った。

車のキーを差し込んだまま、ドアをロックしてしまったという、たった一つのミスが、とり返しのつかない事態を招いてしまった。

一年前には、サッチャー・川又会談を苦労して仕かけ、やっと成功させた。釣り人が苦心してつくった仕かけに大魚がかかった瞬間で、あのときほど、仕組んだ策略がシナリオどおりに動いていく喜びを感じたことはない。うれしさのあまり、一人で乾杯した。それも台無しだ。

会社に大損害を与え、自分は会社中の笑いものだ。妻がもらった遺産の六〇〇万円も無駄になる。

自分はなんという愚かなことをしてしまったのか。わたしは悔恨の念に打ちひしがれた。

辞表は突き返されたが、年が明けたら、もう一度、辞表を書こう。わたしは会社を辞める意思を固めた。

一月四日、総理秘書からの一本の電話

日産では、一月一日付で人事異動が発令されるのが恒例だったが、中央経協の空転のあおりで人事異動が決まらないという異常事態のなかで、一九八四（昭和五九）年は明けた。

仕事始めの一月四日のことだった。夕方、中曽根首相の第一秘書で、渉外課長として付き合いのあった筑比地《ついひじ》康夫さんから電話がかかってきた。

筑比地さんは元プリンス自動車の社員で、わたしとは馬が合って、よく会っていた。中曽根首相がサッチャー首相の意向を受けて動くようになってから、筑比地さんには、中曽根首相と塩路一郎の離間工作をお願いしていた。筑比地さんは塩路一郎ともよく一緒に飲んでいたが、なぜか石原びいきのところがあった。

どうやって聞きつけたのか、筑比地さんは電話でこう切り出した。

「川勝君、あんた派手にドンパチやっているらしいな」

「ご存じなんですか」

「うん、なんか聞こえてくるよ。ちょっと、あんたを慰めてやるから、飯でも食わんか。新橋にうまい焼き肉屋があるから、そこで集合だ」

終業後に落ち合い、一緒に焼き肉をつつきながら、ことのいきさつをあらかた話した。

中央経協の空転は自分の失策が原因である以上、会社を辞めようと思っていると伝え、「秘書の口

でもありませんか」と聞いた。すかさず、「バカ野郎」と返され、「政治家の秘書なんか薄給で、女房、子どもを養えると思っているのか」と諭されてしまった。

筑比地さんの場合、中曽根康弘という超大物の政治家の秘書だから、事情は違うのだろう。

「もう一軒、行くか。飲み直そう」

そう誘われ、筑比地さんのあとについて、銀座八丁目のビルの地下一階にあった行きつけらしきクラブに入った。店の看板には「蓉屋《ようや》」とあった。


新年早々とあって、客はほかにはいなかった。われわれが座ったアーチ状のソファにホステスがずらりと座った。

わたしは真向かいに座ったホステスに目をやった。全身に電気のようなものが走り、わたしの目は相手の顔に釘づけになった。

小柄の美人。髪が長い。耳殻が張っている。

「この子だ。この子に間違いない」

このときは会社を辞めるつもりだったから写真はもっていなかったが、その顔は脳裏に焼きついて離れずにいた。

その女性がふと席を外したすきに、隣のホステスに聞いた。

「あの子の名前、なんていうの」

「ヨウコよ」

「ああー、やっと会えた」

肩から力が抜け、何か名状しがたいものがこみ上げてくるのを抑えることができなかった。まぎれもなくヨットの女性だった。

ヨウコは源氏名ではなく、本名だった。ホステスではなく、クラブでピアノを弾きながら接客もしていた。わたしはフォーカス編集部に電話を入れた。

「Pさん、見つかったぞ」

さっそく、Pさんと記者が張り込んだ。

閉店後、店から出てきた彼女を若い男が車で迎えに来ていた。記者は車のあとを追った。二人は板橋区にあったアパートに着くと、同じ部屋に入っていった。記者がドアをノックする。彼女が出てきた。

「ヨウコさんですね」

「……はい」

彼女は小声でうなずいた。

「フォーカスという雑誌です。先日、塩路さんと一緒にヨットに乗っているところを見ました。塩路さんとはどういうご関係ですか」

「…………」

彼女は、しばらく押し黙ってうつむいていたが、観念したのか、こういって塩路一郎との付き合いを認めた。

「お金だけの関係よ」

これで裏がとれた。

一時は絶望の淵に立たされた。探せど探せど、ヨットの女性は見つからない。このままでは、仲間たちと始めた命がけのゲリラ戦はすべて無駄になり、英国プロジェクトは暗礁に乗り上げ、自分は辞職するしかなくなる。

すべてを諦めかけたそのとき、ヨットの女性が目の前にあらわれ、しかも、わたしの真向かいに座った。

もし、筑比地さんが、「川勝に電話でもしてやるか」と思わなかったら、また、もし、一月四日というまだ世の中が正月気分から抜けきっていないその日に、蓉屋が開いていなかったら、わたしがこの女性と出会うことはなかっただろうし、そうなったら、わたしは日産を去ることになっていただろう。

すべての「もし」が重なって、考えられなかった展開が目の前に現出し、まるで、オセロゲームのように、黒から白へとすべてが反転し、わたしは崖っぷちから連れ戻された。

わたしは、このときほど、天の配剤を感じたことはなかった。

4　英国プロジェクトに労使が合意

センセーションを呼んだ「フォーカス」の記事

それから二週間後、一月二〇日発売のフォーカスに、ソルタス三世号の船尾の柵にもたれかかって立つ女性の写真とともに、「日産労組『塩路天皇』の道楽——英国進出を脅かす『ヨットの女』」と題したトップ記事が掲載された。ここに全文を引く。

三浦半島（神奈川県）の相模湾に面したヨットハーバー、佐島マリーナ。午前中に専用バースを出た艇長40フィート、朱色と白の船体が美しい1隻のヨットが昼過ぎ、帰港してきたところだ。

昨年の10月30日、胸を張って舵を握っている男が、いま建造すれば４０００万円は下らぬ金がかかるこのヨットの持ち主である。男の後ろに若い女がいる。この日、男がヨットに招いた客で、銀座8丁目のクラブでピアノを弾いている。ずっと以前から男は、この女をヨットに誘うつもりだと人に話していた。

ヨットの持ち主の名は、塩路一郎（57）。日本第2位の自動車メーカー、日産自動車の巨大労組、自動車労連会長。また、自動車メーカー各社労組のセンターである自動車総連の会長でもある。ほかにも肩書きはゴロゴロ。57年の年収が1863万円。7LDKの自宅を東京・品川区に所有し、組合の専用車プレジデントのほかにフェアレディZ2台（1台は本人所有、1台は日産車体所有）を使用。「労組の指導者が銀座で飲み、ヨットで遊んで何が悪いか」と、広言してはばからない人物だ。

この日、昼食・休憩後、塩路会長と女（と運転手）はフェアレディZで佐島を去った。車の中で、女が塩路会長の肩に腕をまわして話しかけていた。

12月29日、日本経済新聞は朝刊に「日産の英進出、越年の意外な背景」と題する記事を掲載した。日産の英国への乗用車工場進出問題は年内に日産自身の結論を出せなかったが、それは11月から5回開かれた中央経営協議会（日産労使協議の場）で英国問題はそっちのけにして、塩路一郎自動車労連会長の〝個人的な事情〟の論議に時間が費やされたからだ、という内容である。

「11月12日の佐島マリーナ事件なるものがあってね。この日、塩路会長は銀座のホステスを二人連れて佐島マリーナへヨット遊びに行った。ところが、そこへ新聞記者が二人来た。さらに、日産の管理職も一人姿を見せたというんだね。塩路会長はこれらのことを、経営側が自分の行動を監視し、マスコミに売ろうとしているのだと、ひどく怒った。で、それ以降、中央経協でこの事件の真相が解明されないかぎり、労使の信頼関係はありえない。解明されるまでは英国問題の検討に応じないという態度に出たわけです」（事情通）

平たくいえば、ホステスを連れてヨット遊びをしているところを見られたというので、塩路会長がアタマにきた。アタマにきたので、日産がいま抱えている最大の懸案である英国問題を、討議のテーブルから払い落とした、というわけだ。

実は、問題の11月12日に佐島マリーナへ来た「銀座のホステス」というのが、一人は10月30日にヨットの客となった女であり、もう一人は彼女の友達のホステスなのである。つまり、左の写真の若い女性の存在が、日英2国間の巨大プロジェクトの先行きを脅かしかねないという、信じられないようなバカげたことが、この会社で起こったのである。塩路会長の弁。

「その女性とは何もありません。いままで女性問題をいろいろいわれましたが、バーとか座敷での類の話です。経営側のやり方は、私を対象にしていますが、実は組合を狙ったものです」

と、まだこんなことを仰しゃる。ちなみに塩路会長はこの元日も、写真の女性と、城ヶ島沖に浮かぶヨットの上で初日の出を迎えたのでした。

フォーカスの記者は発売日の一週間前に、塩路一郎本人に取材を申し入れ、ロサンゼルスから呼び寄せたピアニストのS・Kをはじめ、われわれが調べ上げた女性関係の情報や、ヨウコのヨット上での写真を示し、事実関係を質している。記事のなかで答えているコメントはそのときのものだった。

塩路一郎の労働貴族ぶりや女性問題について、「大型ヨットに乗る愛人の写真」という明確な証拠を示したのは、この記事が初めてであり、一大センセーションを巻き起こしたのはいうまでもなかった。

塩路一郎、いったん矛を収める

フォーカスの記事は、それまで止まっていた英国プロジェクトの時計の歯車を動かした。

発売日の翌日、塩路側は会社側に対し、組合として英国プロジェクトを無条件で受け入れる旨を申し入れた。

そして、発売三日後の一月二三日、四〇日ぶりで中央経協が開かれ、二六日、三〇日と、三回にわたる形式的な論議を経て、労使協議は終結にいたるのだ。

最終合意には、二段階方式の英国進出計画について、「第二段階に進むか否かについては、会社は組合と事前に十分に協議をつくして決定する」との文言が入っていたが、これは労組側の面子を立てたものだった。

二月一日、日産と英国政府との間で、自動車工場建設についての基本合意書がとり交わされた。

この経緯について、あれほど塩路一郎に苦しめられた石原社長は自著で次のように綴っている。

スキャンダルが公になった途端、労組の態度が変わり、こうした話し合いが進んだのだから、労組の反対は何だったのか、という感じだ。

一方、塩路一郎は、労使最終合意について、自著で次のように記している。

盗撮されたとき、まさか会社が関与しているとは思ってもいなかったが、やがてその証拠が露見し、これを中央経協で追求しているうちに、中曽根総理と石原社長の側近（第一秘書と広報室職制）が連携していることが明らかになった。

陰謀を糊塗しようとする会社の動きによって一カ月半近く労使間の論争が続いた。結局、石原社長が私に「詫び状」を書き（昭和五十八年十二月十二日）、これと引き替えに、英国進出は川又提案の二段階方式を採ることになったのである。

文中の「第一秘書と広報室職制」とは、筑比地さんとわたしのことだ。わたしが苦し紛れで創作した「佐島マリーナでの政界フィクサーと面会」について、相手は筑比地さんと思い込んでいたようだ。

また、「詫び状」とは、年内の決着を望んでいた石原社長が労組に協力を求めたもので、広報室員が佐島マリーナにいたことは認めたものの、「私自身はまったく知らないことばかり」と自身の関与を否定し、どこにも〝詫び〟は入っていなかった。さらに、二段階方式も石原社長の提案だった。

なにより、フォーカスの記事にいっさい触れていないのが、塩路一郎らしいところだった。

塩路一郎は、フォーカスの一件から一一年後の一九九五（平成七）年二月より、「文藝春秋」誌上で「日産・迷走経営の真実」と題した手記を三回にわたって掲載した。

驚いたのは、その第一回目では、全二六ページ中一〇ページが「佐島マリーナ事件」について割かれ、その実行者として、「川勝」の実名が実に二三回も出てきたことだった。それほどに、佐島マリーナ事件は腹に据えかねたのだろう。

それは、佐島マリーナ事件が、塩路一郎にとっても石原政権を潰せるかどうかの乾坤一擲の大勝負であり、サイコロは絶対に有利に転がると見たのに、逆に事件がブーメランとなって自分を直撃したからだろう。

このときの塩路一郎の最大の失敗は、「川勝は石原社長の走狗であり、石原社長は川勝をヒットマンとして使っている」と考えたことだった。日産の歴史において、一介の課長が自らの意思で反組合行動を起こした例は皆無であったから、そう解釈するのも、ある意味、当然でもあった。

実際、佐島マリーナ事件では何よりの証拠として、わたしは日産社有車を使っていた。車検証からそのことが判明したときは、さぞかし小躍りしたことだろう。このヒットマン一人を俎上に載せ、石原社長を追い詰めれば、あわよくば社長退陣にまでもち込める。そう算段し、中央経協でとり上げるほど問題を大きくして勝負に出た。いわば、一点突破・全面展開の戦略だった。

いざとなれば、同盟を結べる川又会長もいた。

しかし、天はその戦略シナリオに味方せず、一介の課長の側に立った。

歴史は、ある事件を契機として急展開することがある。佐島マリーナ事件はその意味で、われわれの戦いのターニング・ポイントとなるエポックメーキングな出来事だった。

ただ、フォーカス報道は英国プロジェクトの時計の針を動かしたが、労使関係の異常な歴史を正すことまではできなかった。

石原社長の自著は日経新聞に連載した「私の履歴書」をもとに、「書き残したこと」を加筆して出版されたものだが、その「書き残したこと」のうち、「内容が過激である」との理由で、単行本化の際、掲載されなかった「K君たちのゲリラ活動」というタイトルの幻の原稿がある。そのなかで、こう綴るのだ。

（フォーカスの記事は）それだけの効果はあったが、女性問題だけで塩路君が失脚することはなかったし、労組の体質が一度に変わったわけでもなかった。

それは事実だった。わたしには、もしかすると、女性スキャンダルが明るみに出ることによって、塩路一郎は辞任に追い込まれるかもしれないと期待した部分もあった。だが、一撃を加えた程度では、傘下に二三万人の組合員を擁する強固で盤石な塩路体制は微動だにしなかった。

本人が身近な人間に、フォーカスの記事について、「本命の女が出なくてよかった」などと漏らしているという話も伝わってきた。

また、フォーカスが出たあと、ヨットクルーのリーダー格の日産労組書記次長が塩路一郎に、「川勝をもっと痛めつけましょうか」と聞いたところ、「まあちょっと待て、やめとけ。こういうときはあまり個人を攻撃してはいけない」と手のひらを返したような慎重な返答をしたという情報もつかんでいた。

わたしが「ヨウコ」のほかにも女性スキャンダルを握っていて、わたしをさらに攻めると、それがまた表に出てしまいかねないと懸念したのかもしれない。

いずれにしろ、「ヨウコ」の存在は自分にとって致命傷にはならないと考えていたのは間違いない。

ここからは、ゲリラ戦だけではなく、会社として正面から戦うとともに、労組の土台から崩していかなければならない。

ついに、組織戦による最後の戦いが始まる。

第7章
組織戦——最後の戦い

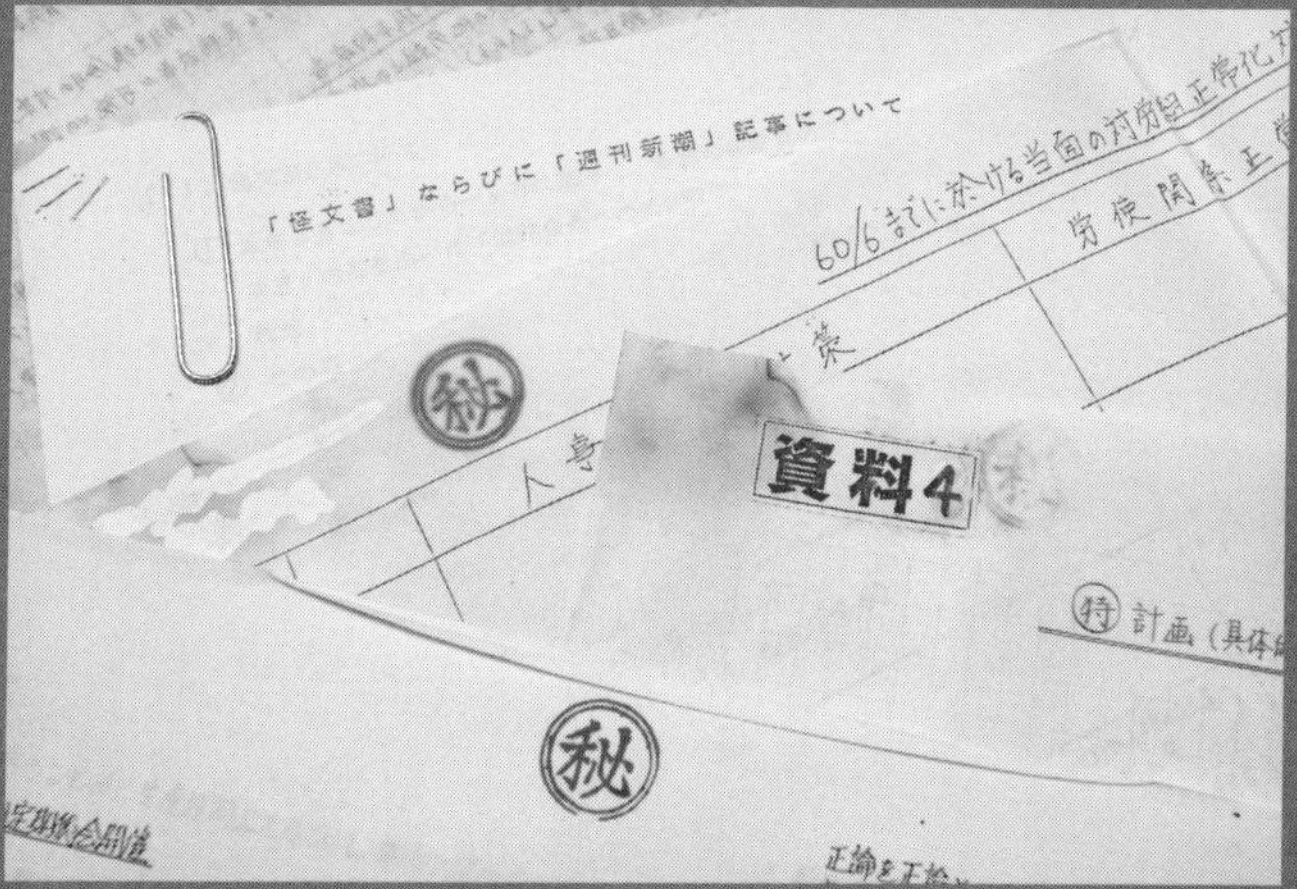

1　集まった「七人の侍」

石原社長に会い、組織戦の承認を求める

「一件が落着したら、会社で会おうじゃないか」。石原社長からその言葉をもらっていたわたしは、英国プロジェクトが会社側と労組側との間で合意にいたった翌々月の一九八四（昭和五九）年三月、石原社長に面会の機会を設けてもらった。目的は、これからの戦い方について、わたしの考えを伝えるためだった。わたしはまず、現状分析から話を始めた。

「社長が就任されてから七年近くが経過しました。この間、ようやく社内には社長の正常化への戦いに共鳴する土壌ができつつあります。そして、佐島マリーナ事件の報道により、塩路会長の退任にまではいたりませんでしたが、形勢はこちら側に有利になってきました。この機をとらえて、会社側が経営権の尊厳をかけて戦わなければ、永遠に正常化はなし遂げられないでしょう」

一対一で会うのは、これが初めてだった。わたしは一課長の立場を超えた発言かとも思いながらも、自らの存念をありのままにぶつけた。石原社長は黙って聞きながら、「これが川勝という男か」といった眼差しを向けていた。わたしはその眼を見ながら、話を続けた。

「塩路会長は、長年にわたって築いてきた磐石な組合組織を基盤にして、生産現場での実質的な人事権、管理権を握り、経営側と対峙してきました。つまり、労組側の力の源泉は強固な組織力にありま

す。これに対し、経営側は役員、部課長の足並みが揃わず、バラバラな状態であり、組織として対応できていません。いちばん問題なのは、塩路体制とどう戦うのかという系統だった戦略、戦術を会社側がもっていないことです」

石原社長の顔つきが真剣みを増してきた。いよいよ本題を切り出した。

「いま必要なのは、会社が組織として面で戦う戦略、戦術です。社内から組合対策の課長集団を集めてプロジェクトチームをつくり、塩路体制と戦うと同時に、組合組織を内部からも崩していかなければなりません。まさに、組織戦です」

わたしは、これから始める組織戦について説明し、経営トップの承認を求めた。

「わかった。それでいい」

石原社長の野太い声が部屋に響いた。ご自身もそのときが来たと思ったようだった。

「つきましては、プロジェクトチームに担当の役員をつけていただけませんでしょうか」

担当役員を求めたのは、組織対組織が真正面からぶつかる正規戦の体制をつくるためだった。労組に簒奪された人事権や管理権を奪還するには、本社から明確な業務命令を現場に発令する必要がある。それには、役員の力が何より必要だった。

担当役員の候補として、生産担当の中島章一専務、購買担当の遠藤卓朗専務、そして、人事担当の細川常務の三名の名前をあげ、なかでもメンバーと一体となって動く事務局役には細川常務に就いてもらうようにお願いした。この役員三名とプロジェクトのメンバーたちは、いわば、組織戦を展開するための〝影のキャビネット（内閣）〟的な存在だった。

さらに、組織戦の工作資金として三〇〇〇万円を用意してくれるよう要請した。あてずっぽうの数字で、秘密の会合の部屋代や後述する弁護士費用にあてたが、実際にはその一〇分一も使わなかった。

石原社長は、わたしの出した条件をすべて承諾してくれた。かくして、塩路一郎打倒の組織戦は、社長公認の極秘プロジェクトとなった。

一枚岩でなかった役員陣と川又会長の野心

組織戦の開始を急いだのには理由があった。わたしは石原社長との面会に先だって、常務以上のすべての役員と面談していた。

毎週日曜日、役員の自宅を一軒一軒、アポなしで訪ねる。川勝がどのような人間であるか、全役員に知れわたっていたため、「広報室の川勝です」と名乗ると、会ってくれた。

玄関口で夫人が「主人はゴルフで外出中です」と不在を告げることも多かったが、「では、お帰りまで待たせていただきます」とあがり込み、ぶしつけにも一日中居間で待たせてもらったこともある。礼をわきまえている余裕はなかった。

知りたかったのは役員たちの考えだった。「生産性向上がまったく進まない現状のままでいいのか」「経営陣としてどう解決していくのか」。しかし、いちばん聞きたかったのは、次の質問だった。

「もし、川又会長が取締役会で石原社長解任動議を出したら、どうされますか」

わたしの容赦ない直截な質問に対し、「ぼくは賛成はしない」と明言する役員もいたが、自分の考えは明らかにせず、「川又会長も、そんなことはしないでしょう」と言葉を濁す人が多かった。

やはり役員は一枚岩ではなかった。川又会長もそれを読んでか、〝キングメーカー〟への復帰をねらっている節もあった。

たとえば、英国プロジェクトが日産と英国政府の間で基本合意書がとり交わされてから三週間ほどたった二月の下旬、とある料亭で秘書室の課長の送別会がこぢんまりと開かれた際、出席した川又会長氏は政権復帰に意欲を示すかのような発言をしていた。わたしが聞きとって記した「川又会長発言要旨」のメモ書きには、次のように記されている。

当夜の会長はいつになく上機嫌で、カラオケで2曲唄う程であった。従って会話も多く、その発言の3分の2は石原社長に関するものであった由。当夜の会長発言の一部は以下の通り。

「……だいたい石原君は独走し過ぎる。これを押さえるのがボクであり組合なんだ。これ迄の経営で組合にもいろいろ世話になってきたではないか。恩をアダで返すようなことをしてはいけない。

塩路君だって、かわいそうだ。

石原君は海外戦略にしても商品開発にしても、どうも会社を悪い方へと持っていってしまう。シェアは下がり、損益は29年振りの減収減益。この事実をみても、彼が経営者としていかに問題多き人間かよくわかる」

（「このままで会社は大丈夫ですかね」と某氏の質問に対し）「大丈夫だよ。いざとなればボクがいる。大丈夫。大丈夫」とあたかも、時と場合によっては、自分が経営の実権に再登場してもよいとのニュアンスをただよわせたとのことである。

また、この川又発言に呼応するかのような塩路一郎の発言も伝わっていた。以下メモ書きから。

労連某常任委員によると、塩路会長は先般側近の常任委員を集めて次のように語ったとのこと。

「……オレは川又と組んでいる。オレが川又と組んでいる限り、君達は絶対大丈夫だ。だからオレについてこい」

尚、某常任委員によると、塩路会長のこの発言により、常任委員の中には結構、「塩路会長についていっても大丈夫」と踏んでいるものが多いとのことである。

強気の発言をしたのは、「フォーカス」の一撃で動揺が走った労組内の引き締めを図ったものと推測された。

実はこの時期、川又会長は、古巣である興銀の元副頭取で日産に迎え入れていた内山良正副社長を次期社長に据えようとねらっているとの情報も入っていた。

内山副社長には、わたしもアプローチしたことがあった。入社早々で、社内事情に疎かった副社長に、塩路労組による生産支配の影響で日産の競争力が落ちてきている現状についてデータを示して説明した。内山副社長はわたしを大いに気に入ってくれて、「二四時間、ぼくのスケジュールを空けておくから、夜中でもかまわないから電話してくれ」とまでいい、秘書にもそのように指示していた。

ところが、あるときからピタリと門戸を閉ざすようになった。わたしは、川又会長から〝川勝情報〟が伝えられたな、と推測した。

これは、川又発言の半年後のメモ書きだが、広報室の課長が秘書課長から聞いた話として、「川又会長は内山政権樹立に向けていろいろと画策している（外で）」と記されている。「外で」と付記があるのは、メインバンクの興銀サイドから外堀を固めようとしたと思われた。

こうした状況においては、川又会長が取締役会に石原社長解任動議を提出する可能性はけっして低くなかった。一刻も早く組織戦に着手しなければならない。

わたしはプロジェクトチームを構成するため、当時考えうる社内最強メンバー一人ひとりに会い、参加を求めていった。

人事部で孤軍奮闘していた男

生産現場の工場は、人事課と生産課にあらゆる情報が集中する。したがって、現場の工場に対して強い影響力をおよぼすには、本社においても、人事部と生産部門を押さえておかなければならない。

生産部門は広報室と似て、反塩路的な傾向があり、わたしと気脈をつうじていたK・Kさんにプロジェクトチームに入ってもらうことにしていた。

一方、人事部は既述のとおり、組合寄りや労使協調派が多かった。そこで、K・Kさんに「人事部に同志になりそうな人はいませんか」と相談したところ、「気骨のある奴がいるぞ」と以前から紹介されていたのが、前出の安達二郎さんだった。

東大経済学部出身で、入社はわたしより三年先輩。埼玉県立浦和高校時代はサッカー部の選手で、全国高校サッカー選手権大会で優勝も経験した。東大時代もサッカー部に所属し、一九七二（昭和四七）年にはJリーグの横浜F・マリノスの前身である日産自動車サッカー部を創部し、その初代監督も務めた。

入社以来、一貫して人事畑を歩み、「人事のプロ」を自認していた安達さんは、人事マンとして異常な労使関係に疑義を呈し、正常化したいと思い続けていた。そこで、わたしとは組織戦を始める前から、一緒に社内で問題意識を持っていそうな社員に声をかけ、日産の現状について議論する場を設ける活動もしていた。

安達さんは、英国進出計画が発表され、労組がこれに反発してラインストップが多発していた一九八一（昭和五六）年に、村山工場人事課長から若くして本社人事部の勤労課長に昇進する。

このときは、人事担当のK常務以下、人事部長も、その下の人事課長（元日産労組組合長）も、調査課長も、労使協調路線の信奉者で、それが人事部門の規範であり、常識だった。安達さんはまさに「四面楚歌」状態に置かれ、ときには宴席で誰からも酒を注いでもらえないという辛い経験も味わった。

翌一九八二（昭和五七）年、K常務が日産車体社長へと放出され、かわりに「労使関係を正常化する」という石原社長の意を受けた改革派の細川常務が送り込まれ、人事部長も替えられた。新たに着任したT・T部長はいわゆるイエスマンタイプだったが、人事部の頑迷固陋《がんめいころう》*な労使協調主義を崩すには、上から命令に忠実に動く人間が必要とされたのだろう。

勤労課長は労組との直接の窓口となる。労組の要求に安易に妥協しない安達さんに対する労組の風当たりは強く、組合事務所への「出入り禁止」を通告されたこともあった。

出入り禁止となった部課長は労組との折衝ができなくなり、業務が遂行停止になるため、頭を下げて禁止を解いてもらう。労組が部課長を屈服させるための常套手段だったが、安達さんは屈しなかった。

こんなこともあったようだ。あるとき、懇意の組合幹部に誘われ、横浜のピアノバーに行くと、そこに待機していた塩路一郎が近寄ってきて隣に座り、「オレのほうにつかないか」と甘言を弄した。

人事部の状況が大きく変わったのは、英国プロジェクトで労組がいったん矛を収め、日英間で基本合意された一九八四（昭和五九）年二月。それまで第二人事部的な存在で人事政策にかかわる仕事は担当していなかった労務部が、労組担当として強化された。着任したF・D部長は、会社側が優勢に転じれば、イケイケドンドンと旗振りをするタイプで適任だった。

そして、定期異動で海外人事課長に転じた安達さんにかわり、労組との窓口を担当することになった第一労務課長には、若手の改革派が登用された。勤労課長だった安達さんの下で総括職として仕え

*頑迷固陋……考え方に柔軟さがなく、適切な判断ができないこと。

ながら、その考え方や行動を身につけ、その後、労使関係のもっとも厳しい工場の一つだった追浜工場でそれを毅然と実行した俊英で、安達さんが推挙した。

また、組合協調派だった課長たちも異動になって離れ、残った塩路シンパも「塩路さんはやはり間違っている」などと公然と語るように変化していった。

影のキャビネットであるプロジェクトチームが、いわば組織戦の裏の参謀本部だとすれば、本社の人事部や生産部門は、表の指令本部的な役割を担う。人事部も組合協調派の放逐および労務部強化により、組織戦のプロジェクトが始まったころには、労使関係正常化に向けた体制が整い始めたところだった。

脅迫電話に屈しなかった生産現場の荒武者

本社とともに重要なのは、戦いの最前線となる生産現場の工場だった。

その現場で塩路一郎と真正面から一人で戦っていた男がいた。プロジェクトチームに引き入れるため、親しい間柄の安達さんに頼んで、横浜工場から、チームの秘密の会合場所である東京のホテルの一室へと呼び出してもらった。

部屋にあらわれたその姿を見て、わたしも安達さんも目を丸くした。頭が丸くはげ上がり、側頭部から後頭部にのみ髪が残っていた。わたしは以前にも会ったことがあったが、そのときは、頭髪はフサフサだった。それがすっかり抜け落ち、海坊主のような頭になっている。それが、吉村正次さんとの久々の再会だった。

「円形脱毛症のひどいやつでね。風呂に入って頭を洗うたびに、髪を握っただけで、バサッと抜けてしまうんだ。風呂場の排水口が抜けた髪の毛ですぐにつまってしまう。北里大学の病院の皮膚科に行ったら、医者がいうには、ストレスが原因ですと。でも、ストレスをなくせといったって、いまのオレにはなくしようがないんだけれどね」

吉村さんはそういって、頭を手でなでた。「まあ、頭が涼しくていいですよ」などと軽口を叩いていたが、髪がほとんど抜け落ちるほどのストレスは労組との壮絶な戦いを物語っていた。

福井大学工学部機械工学科出身。わたしより四年先輩で、安達さんの一年上だった。二人は横浜にあった独身寮でそれぞれ寮長、副寮長を務めていたころ、選挙への寮生の動員を求める労組に対し、「そのために会社に入ったのではない」と頑として抵抗した〝戦友〟だった。

配属先は横浜工場技術課。組合の高圧的なやり方を臆せず批判し、そのたびに工場長から呼び出されて、「組合ともっと仲よくやれ」と説諭されたが、それでも組合批判を続けた。場合によっては会社にいられなくなるかもしれないと、スーツの内ポケットには、いつも辞表を忍ばせていたという。

はね返り分子をとり込もうとしたのか、労組の指示で入社七年目に、いきなり常任委員（専従）の職につかされた。このとき、参議院選挙に民社党から出馬し当選した栗林卓司という自動車労連副会長と、選挙活動をつうじて親しくなった。栗林氏は良識派で塩路体制に対して批判的な立場を貫き、まっこうから対立していた。

吉村さんは一時期、その政策秘書（日産は休職扱い）も務めた。栗林氏はよく、横浜の飲み屋街の屋台に吉村さんを誘った。

「塩路一郎はなんとしても潰さなければダメだ。吉村君、まともな組合に戻して、もう一度、一緒に組合活動をやろう」

栗林氏はその都度、熱く語った。「わかりました。やりましょう」。吉村さんは再度、常任委員になることはなかったが、その後は、自分なりのやり方で栗林氏との約束を果たそうとした。

三八歳で横浜工場でエンジンを組み立てる第一製造部第二機関組立課長に着任する。配下に五〇〇人、多いときは七〇〇人の従業員を擁する大所帯だ。吉村さんはここで、塩路体制に対抗するための地固めを始めた。

たとえば、「二の日」を使う。二の日とは一月二日のことで、この日、塩路一郎は現場の係長、組長を自宅に招いて新年会を催すのが恒例になっていた。そこで、吉村さんも毎年、同じ日に自宅で新年会を開き、ぶつけたのだ。

一升瓶を一五～二〇本、ビールを四～五ケースそろえ、料理も用意する。冬のボーナスは、新年会のためにすべて吹き飛んだ。

吉村宅に集まる係長、組長は、もともと塩路一郎に批判的な考えをもっているか、あるいは、査定の権限をもっている課長の側についていこうとするものたちになる。

吉村さんは学生時代から空手、柔道、剣道の有段者。チンピラ二〇人相手に二人で立ち向かったこともあるという武闘派で、肝が据わっているうえ、兄貴分肌。新年会にやってきた係長、組長たちは、酒を酌み交わしつつ、組合をまともなかたちにしなければいけないと説く吉村さんの話を聞き、共感を深めていった。

いざ、ことを起こすとき、彼らは手助けをしてくれるはずだ。その見きわめのための二の日の新年会だった。第二機関組立課の係長、組長で吉村さんの家に集まる人数は、塩路邸より四倍多かったという。

他方、隣の第一機関組立課のY・R課長（第一製造部次長を兼務）は、非組合員の課長でありながら、自動車労連内の最大派閥である横浜工場グループの総帥的な男だった。会長にもらったお下がりのスーツやネクタイを着ては、「塩路一郎」と刺繍されたネームをこれ見よがしにひけらかしていた。横浜工場が塩路一派の牙城であることには変わりなかった。

吉村さんはその後二年間、久里浜分工場の立ち上げに携わり、一九八四（昭和五九）年一月に横浜工場の型製作課長として戻った。

型製作課は現場の規律が乱れに乱れていた。朝出勤しても、そのまま弁当と新聞をもって組合支部に行き、午後は昼寝をして、夕方職場に戻ると帰宅するような係長が普通にいた。いわゆるブラ勤だ。工場内でもラジオで野球中継を聞きながら旋盤を回す。

従来はそれが許されていたのだろうが、吉村さんは厳しく査定し、必要に応じて減給処分を下した。塩路一郎および労組に対決姿勢を堅持した吉村さんに対し、労組は執拗に嫌がらせを続けた。自宅に脅迫めいた電話がかかる。奥さんが出ると、「おまえの亭主を黙らせろ。どうなっても知らねえぞ」と脅される。無言電話も夜中の二時、三時まで続いた。家には男の子と女の子、二人の子どもがいた。子どもに危害が加えられないか、気がかりだった。

奥さんからは、「お父さん、もうやめてください」と何度も頼まれた。「いまここでやめたらオレの男がすたる。絶対やめない」。自分の信念を曲げない吉村さんに、やがて奥さんも、「お父さんがそう思うんだったら、そのとおりやってください」と理解者になってくれたという。わたしの家と同じだった。

こうして、数々の修羅場を経験するなかで、極度のストレスから毛が抜け始めたのだった。われわれは、現場で労組を向こうに回して一歩も引かない吉村さんをメンバーに迎えることができて、まさに百人力の思いだった。

一騎当千の「七人の侍」がそろう

生産現場にはもう一人、有力な闘士がいた。ゲリラ部隊の一人で、本社の生産管理部から村山工場へ移り、生産課長の職についていた脇本君だった。

工場の生産課は生産計画、人員計画、生産台数や部品の購買数など幅広い業務を担い、工場の間接部門では最大の組織だ。課長の上には次長、部長、工場長がいたが、戦略的思考と行動力を兼ねそなえた脇本君は、彼なりのやり方で村山工場における圧倒的な存在感を獲得していた。

たとえば、こんなことがあった。本社での会議に出席していた脇本君は、会議の内容から、日産が米国へ輸出する車種は近々、排気量が一・二リッターの小型のサニーに集中するだろうと予測した。その分、村山工場でつくる車種の生産量が削減される可能性がある。そこで、一計を案じた。

サニーは座間工場で生産していたが、輸出量が増えれば、生産能力がパンクするはずだ。一方、村山工場は以前、サニーを生産したことがあり、設備はある程度そろっていた。あとはデータがあれば問題なく生産を再開できる。脇本君は生産課の部下に、いつでもサニーの生産に移れるよう、密かに準備を進めさせるとともに、特に労組には絶対に情報が漏れないよう厳命した。

予想はあたり、サニーの大幅増産が決定する。座間工場は対応困難を訴えた。すかさず、村山工場が「すでに準備はできています」と手をあげ、増産分を引き受けることになった。

以降、労組側とぶつかることがあっても、「村山工場に飯を食わしているのは、誰だと思っているんだ」の殺し文句で押さえつけることが可能になった。

吉村さんが人情派とすれば、脇本君は頭脳派。タイプは違え、ともに自分の生き方に筋を通す男が現場の最前線を支えてくれることは、プロジェクトチームにとって大きな力になった。

同じく、ゲリラ戦のメンバーで、常に冷静沈着、大局観を失わない石渡さんにもメンバーになってもらい、もう一人、輸出部にいた改革派も加えた。

人事部の安達、生産部門のK・K、横浜工場の吉村、村山工場の脇本、広報室の石渡、輸出部の改革派、そして、わたしと、ここに組織戦のプロジェクトを推進する「七人の侍」がそろった。いずれも、課長クラスだ。もともと日産は課長の力が強く、課長が組織を動かしているような会社だった。

ここに、わたしが考えうる最強のプロ集団が結成された。

2 「マル労計画」により労組より人事権奪還

悪しき事前協議制を打破せよ

われわれは極秘の会合を重ね、計画を練り上げていった。場所はホテルの一室など、毎回変える。メンバーはいずれも、労組側からマークされているので、尾行には細心の注意を払った。

電車に乗る場合は、通路の柱の陰に隠れ、あとをつけられていないか確認し、一気に階段を駆け上がる。ホームでも物陰に隠れ、電車が来たら、発車寸前に飛び乗る。タクシーを使うときは、一度別の場所で降り、また乗り換えて目的地へと向かった。

石原社長に組織戦の承諾をもらってから五カ月程たった一九八四（昭和五九）年八月、「対労組正常化活動計画（案）」ができあがった。

「八月一〇日」付の資料に記した計画の「目的」は、次のような文言にした。

会社が会社としてやるべきことを会社の意志で（組合の同意なしで）行える体制を実現すること。又、これにより、現状の労使関係を少なくとも正常と呼べる状況に再構築すること。

現状の労使関係が会社の発展を著しく阻害していることからして、少なくとも、現場の部課長をはじめとする会社の組織が整々粛々と業務（人事異動、任命、業務改善、生産遂行、原価低減等）を遂行できる体制だけは早急に実現させる必要がある。

組織戦に向けた立党の精神ともいうべき文言は、国鉄の葛西氏を訪ね、労組対策の教えを請うたとき、もっとも大事な目的として示された「会社は管理権の尊厳を守れ」という言葉を念頭においてしたためたものだった。

何ごとも労組の事前承認を得る事前協議制の悪弊を廃し、人事権と管理権を奪還し、まっとうな会社に戻す。この対労組正常化活動計画のフレームワークとして、「マル労《ろう》計画」と「マル特《とく》計画」の二つの計画が策定された。

マル労計画は、会社が前面に出て行うもので、「人事部門の改革」と「生産・技術部門の正常化活動推進」が二本柱となった。

人事部門の改革とは、従来、労使協調の名のもと、労組に対し妥協を重ねてきた人事部門を対労組正常化活動の先頭に立つ組織へと変身させる。そのため、本社の人事部門とともに、工場の総務部長およびその下の人事課長を改革派に入れ替え、組織戦に向けて組織化することが主たる課題となった。

また、生産・技術部門の正常化活動推進では、同じように、工場長および工務部門、すなわち生産課や技術課など工場の頭脳部隊を改革派に転じさせ、組織戦のために組織化し、労組に奪われていた工場管理権をとり戻すことが中心テーマとなった。

こうして本社および工場の組織化を進めながら、具体的なマル労計画を実行していくというフレームワークだった。

このマル労計画を遂行するには、プロジェクトチームのプロ集団が立案した施策について、担当役員から現場に業務命令を発令してもらい、労組の抵抗を排除しながら、実行を徹底させるという、正面突破の力と力の正規戦が求められた。

労組内の分断を図るマル特計画

一方、マル特計画は、労組の内部を土台から崩していくための計画だった。

まず、塩路一郎については、「マスコミの有効活用」と「従業員有志による文書の発送」、すなわち、マスコミリークと「怪文書」を使い、「本当の姿」を明らかにし、従業員を覚醒させるとともに、塩路勢力の弱体化を図る。

つまり、それまで続けてきたゲリラ戦を並行して進めるわけだ。これは主にゲリラ部隊が引き続き担当することになった。

また、生産現場では、オルグ活動を徹底して行うことにした。自動車労連および日産労組の幹部や、現場の工場長や部課長、組合員である係長や組長たちをオルグして転向させ、改革派人脈をつくって、反塩路の動きが起きるよう工作するのだ。

このオルグ活動では、組合内の派閥間の関係を利用する方法が考えられた。

自動車労連および日産労組は当時、三つの派閥に別れていたと前述した。自動車労連の清水春樹事務局長をボスとする大卒グループは、いずれは会社に戻り、職制になりたいとの気持ちを大なり小なりもっているグループだ。

工専卒グループは小規模の派閥だが、日産労組組合長の職にあるボスのN・Hは、以前は会長付きの運転手を勤めていたことがあり、塩路会長との間で個人的に太いパイプをもっているのが強みだった。工専卒グループは追浜グループとも呼ばれた。

最大派閥である現場たたき上げの高卒グループは、会社に戻ってもブランクがありすぎて仕事もできず、出世の道はないため、組合内での出世に望みを託していた分、塩路会長に対する忠誠度が強かった。また、本社やホワイトカラーに対する強烈な対抗心を秘めていた。

高卒グループは、横浜工場を拠点としていたため、横浜グループとも呼ばれた。ボスのS・Yは元日産労組組合長で、フクロウ部隊のボスでもあり、横浜工場では十数名の塩路親衛隊を率いていた。この横浜グループの総帥的な存在が、会長お下がりのスーツをひけらかす第一製造部次長の前出のY・

Rだった。

この三派閥の間の関係は、横浜グループが台頭するにつれて変化しつつあった。そこで、一定の段階で、大卒グループもしくは追浜グループとの接触を図り、とり込みを行うことも検討されたのだ。

マル特計画には、もう一つ、組合のなかで行われる常任委員選挙への対策もあった。組合員に対し、白票を投じるように工作を行う、あるいは、立候補者をおろさせるような戦術を講じる。

これらのマル特計画は、労組の内部に反塩路の対抗勢力を生み出していくための仕かけであり、オルグについては、プロジェクトのそれぞれのメンバーが、部課長および組合員のこれはと思う対象に接触し、アプローチすることにした。

マル労計画の全貌

マル労計画は足かけ三年がかりで、次の四つのステップで構成された。

第1ステップ（一九八四年一〇月末まで）…体制固めを行う

第2ステップ（一九八五年初めまで）………第3、4の本格ステップへの準備行動ならびに局地戦を段階的に実施する

第3ステップ（一九八五年六月末まで）……組合の同意なしに会社の主要業務が整々粛々と行える体制を固める

第４ステップ（一九八六年末まで）…………他社並みの労使関係を確立する

第１ステップは、まさに体制固めの期間だった。

たとえば、労組との折衝内容について、一定レベルの従業員にまで、会社がどのような判断をしたかを「会社の立場に立って」伝える。従来は、労組サイドから会社に対して批判的な視点で情報が伝えられていた。

つまり、現場の従業員におりてくる情報は、従来、すべてにおいて、主語が「組合」であったのを「会社」へと転換していくための地固めを行う。

また、各工場の各部長の意識を、組合への妥協から労使関係正常化へと転換させるため、「正常化に向けて何を実施したか」を問う部長会を定例化する。

さらに、労組の牙城である横浜工場については、戦いの主戦場になる場合を想定し、横浜グループの総帥的な存在の第一製造部次長のＹ・Ｒを更迭し、強力な後任人事を実施するなど、事前に横浜グループ弱体化のための人事対策を実施することとした。

第２ステップでは、本格ステップへの準備行動として、かなり具体的な計画があげられた。以下、列挙してみよう。

○従来、３号承認（就業時間中に組合活動で職場を離脱する場合に所属長からもらう承認）は完全に無視されていたが、これを全社的に徹底する。
○工場での役付任命（係長、安全衛生管理主任、組長の任命）や人事異動について、従来は、所属長の各部課長が労組に事前相談のため直接交渉していたが、これを禁止し、工場の人事課が所属長から事前相談を受けたうえで、労組と交渉するかたちに一本化する。
○工場の問題のある総務部長、人事課長を更迭あるいは徹底して洗脳教育する。
○次年度人事異動に際し、問題のある職制を更迭する。
○選挙協力など、労組への便宜供与の段階的廃止に着手する。
○新任課長は従来、自動車労連へ集団で挨拶に出向いていたが、これを禁止し、また、新任課長研修会で行われていた塩路会長による講演も廃止する。

また、第2ステップでは「局地戦術」として、工場の生産面で労使合意を介さず、業務命令で実行する次のような施策もあげられた。
○ロボットを昼休みも動かす連続自動運転を業務命令によって行う（現状では、会社は横浜、栃木、追浜、九州の四工場で合計二八ラインの計画を立てたが、労使交渉では各工場一ラインしか合意に達していなかった）。
○原価低減活動については、工場長が係長、組長を召集した場で決意表明を行い、推進する（現状では、展開日程が大幅に遅れ、目標の数字も係長、組長には明示されていなかった）。

第3ステップでは、さらに踏み込み、組合の同意なしに会社の主要業務が行える体制を整える目標が設定された。以下、主なものを列挙すると——

○役付任命、人事異動に関する労組の事前承認制を排除する。
○労組の事前承認を必要とした残業を業務命令で行い、生産の弾力性を確保する。
○生産性向上の諸計画を業務で遂行する。
○ステップ2であげられた局地戦術を完全実施する。
○業務改善計画を実施するよう、社長より各担当役員に命令する。

そして、第4ステップでは、これまで他社では普通にできているのに日産ではできなかったすべてのことがらを是正し、他社並みの労使関係を確立することを目指した。

いずれのステップにおいても、プロジェクトチームが影のキャビネットとして立案した施策をもとに、担当役員が業務命令を発し、本社の各部門を介して、現場で実行させていくというプロセスをとることにした。

このマル労計画は、人事や生産管理、現場の事情に精通し、どこをどう押さえ、何をどう変えれば事態は好転するか、本質的なポイントを的確につかんでいたプロ集団だから編み出すことのできる知恵の結晶だった。

第8章
塩路体制、ついに倒れる

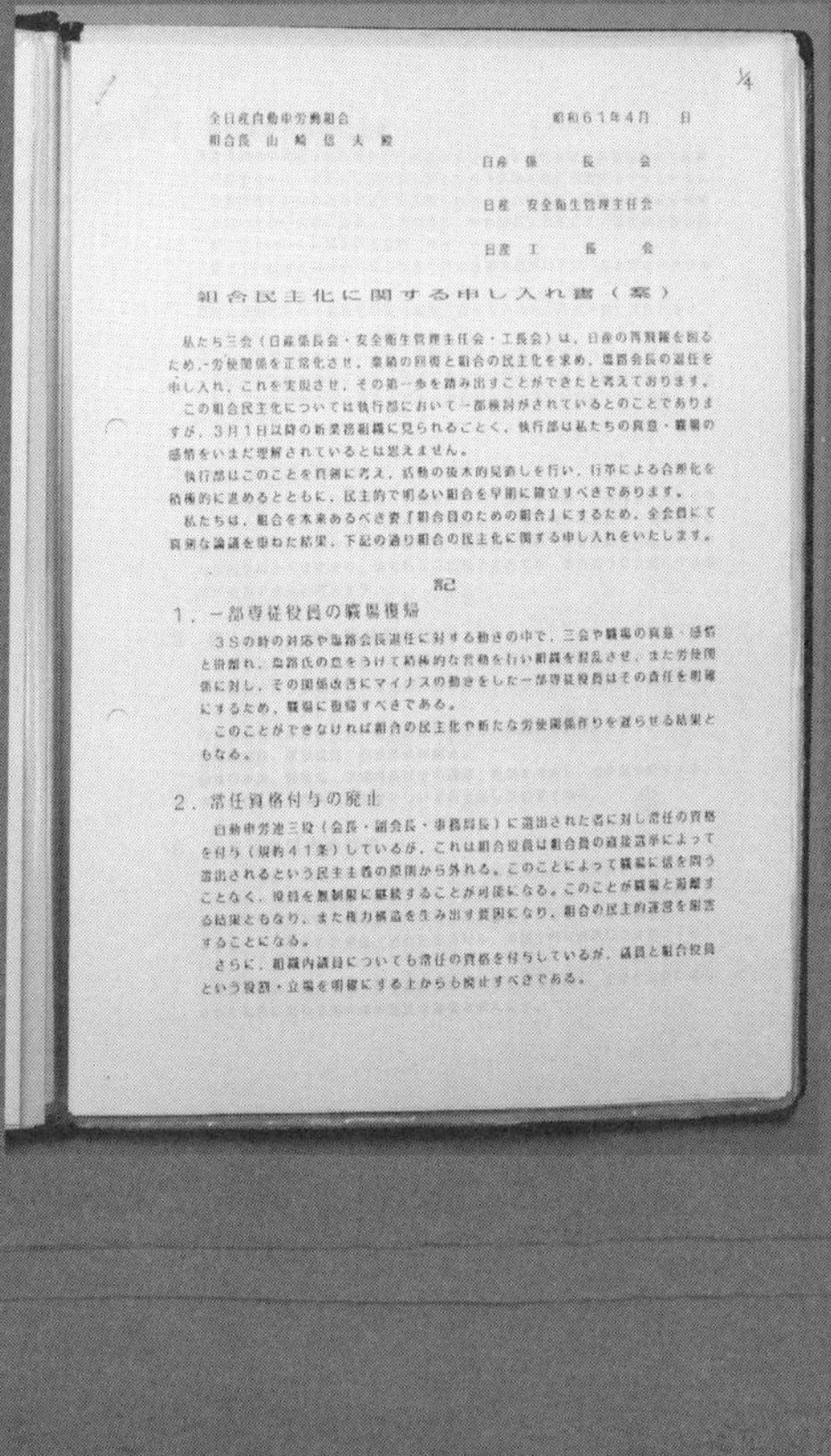

1/4

全日産自動車労働組合　　昭和61年4月　日
組合長 山 崎 信 夫 殿

日産 係 長 会

日産 安全衛生管理主任会

日産 工 長 会

組合民主化に関する申し入れ書（案）

私たち三会（日産係長会・安全衛生管理主任会・工長会）は、日産の再興隆を図るため、労使関係を正常化させ、業績の回復と組合の民主化を求め、塩路会長の退任を申し入れ、これを実現させ、その第一歩を踏み出すことができたと考えております。

この組合民主化については執行部において一部検討がされているとのことでありますが、3月1日以降の新業務組織に見られるごとく、執行部は私たちの真意・職場の感情をいまだ理解されているとは思えません。

執行部はこのことを真剣に考え、活動の抜本的見直しを行い、行革による合理化を積極的に進めるとともに、民主的で明るい組合を早期に確立すべきであります。

私たちは、組合を本来あるべき姿『組合員のための組合』にするため、全会員にて真剣な論議を重ねた結果、下記の通り組合の民主化に関する申し入れをいたします。

記

1．一部専従役員の職場復帰

3Sの時の対応や塩路会長退任に対する動きの中で、三会や職場の真意・感情と掛離れ、塩路氏の意をうけて積極的な言動を行い組織を混乱させ、また労使関係に対し、その関係改善にマイナスの動きをした一部専従役員はその責任を明確にするため、職場に復帰すべきである。

このことができなければ組合の民主化や新たな労使関係作りを遅らせる結果ともなる。

2．常任資格付与の廃止

自動車労連三役（会長・副会長・事務局長）に選出された者に対し常任の資格を付与（規約41条）しているが、これは組合役員は組合員の直接選挙によって選出されるという民主主義の原則から外れる。このことによって職場に信を問うことなく、役員を無制限に継続することが可能になる。このことが職場と遊離する結果ともなり、また権力構造を生み出す要因になり、組合の民主的運営を阻害することになる。

さらに、組織内議員についても常任の資格を付与しているが、議員と組合役員という役割・立場を明確にする上からも廃止すべきである。

1　組織戦の開始

最初の反乱～自動車労連定期大会で運動方針案に批判発生

マル労計画の第1ステップは、一九八四（昭和五九）年一〇月末を期限とした。

この期限が迫るころ、マル労メンバー（計画が開始されて以降、プロジェクトチームのメンバーはこう呼ばれるようになっていた）は早くも大きな成果を得ることができた。

メンバーの細心の工作により、呼応した組合員による最初の反乱が起きたのだ。

それは、同年一〇月二四日～二六日に開催される自動車労連の定期全国大会を目前に控えたときのことだ。中核労組である日産労組の東京支部（本社勤務の三〇〇〇人で構成）の組合員から、執行部提案の運動方針案に対し、批判が発生した。

しかも、運動方針案に反対を決議したのは、本社組織の六六職場のうち、一つの保留を除く六五の職場で、大半が反対に回った。

反対決議をした職場の一つ、「人事部・労務部組合員一同」から東京支部宛てに提出された「運動方針案は承服できるものではない」とする意見書は、次のようなものだった。

現在の当社を取り巻く情勢はわれわれの雇用や生活を脅かしかねない危急存亡の秋《とき》にある。今、

必要なことは「業績の復興」である。（中略）

しかしながら、本運動方針案は業績の復興に対する具体的な取り組みは明示しておらず、かえって業績を阻害しかねない。例えば、「職場に不安や疑心を抱かせるような一部の経営側の動きがあるならば断固たる態度で対処する」とか、「このような業績低下の責任を組合に転嫁し」といった会社と組合の対立を強調するような考えでは、今の状況を打開できるとは思えない。

（中略）従って、執行部に対して運動方針案の書き換えを要求するものである。われわれが求める運動方針は、

1．先ず第一に選択すべきは「業績の復興」であること。

2．経営批判に終始することなく、真の労使関係の再構築に継続して努力すること。

3．結果として、職場の一人一人が活力と自信と希望を持って生産活動、職場活動に取り組めるものであること。

以上、人事部・労務部職場全体の総意として、執行部に申し入れるものである。

二四日付の読売新聞は、「日産労組東京支部　塩路体制に反旗」「運動方針案『ノー』　会社との対決色に不満」の見出しで、「本社のホワイトカラー族が塩路体制に〝反乱〟を起こしたものとして、大会の行方が注目される」と大きく紙面を割いて次のように報じた。

塩路氏は、さる三十七年九月に労組トップに躍り出て以来、強力な〝塩路体制〟を築いてきたが、このような〝集団的反発〟は初めてのことで、「画期的な出来事」とみられている。

また、こうした動きについて、日産自動車首脳も、先週末、「このままではいけないというムードが高まって、社員の意識が大きく変化してきた」と、今回の塩路体制への〝反発〟を予言していた。

実際、自動車労連会長に就任してから、表だって塩路労組執行部への批判が出たのはこれが初めてだった。

翌二五日付紙面で追随した朝日新聞は、「何といっても本社の中核部隊だけに塩路氏も、『ショックではないが、重要なことと受け止めたい』と、動揺の色を隠せなかった」と報じた。

この運動方針書への反対決議は、組合員である人事・労務部門をはじめ、広報や生産管理の総括クラスが互いに情報交換を行いながら、本社の各職場へ討議の働きかけを行った成果としての一斉蜂起だった。

このことは、以前は労使協調主義に傾倒していた人事・労務部門においても反塩路体制の布陣に変わったことを示すとともに、ゲリラ活動の積み重ねもあって、組合員の意識も、少なくとも本社のホワイトカラーについては、ことなかれ主義から少しずつ変わってきたことを物語った。

国鉄改革にならい「里親制度」を導入

マル労計画は、ステップごとの戦略・戦術のプログラムを立案しながら、進捗具合や達成度をチェックし、新たな対応が必要であれば、そのプログラムを組んでいく。

第2ステップに入ってから二カ月目の一九八四（昭和五九）年一二月、われわれはその間の成果を検証した。

一〇月に東京本社において、労組の運動方針案に対して組織的な反旗がひるがえるなど、労使の力対力の関係は、かつてよりは好転した。しかし、第1ステップは比較的実行容易な対策だったが達成率は四割程度と、他社では労使協議の対象にすらならない課題を、会社側が業務命令で動かせるほどのパワーはまだまだ不足していた。

第2ステップ以降は、いずれも工場の労使関係をいかに変えていくかが問われる。

その際、労組と最前線で向き合いながらも、身の安全を第一に考える大半の工場の総務部長、人事課長をいかにして労使関係改革の先兵に立たせられるかが、今後の活動の成否を握った。

そこで、われわれが現場を支援するため導入を決意したのが、本社と工場で連携プレーを行う「里親制度」だった。

里親制度は、わたしが戦い方を学びに足を運んだ国鉄の改革にならったものだった。

国鉄の現場で駅長や助役たちを苦しめたのは、業務命令を出し、違反者を処分して労組と戦っても、本社のキャリア組が労組本部と手打ちをしてしまい、梯子を外されることだった。あるいは、駅長や助役たちが、労組のつるし上げにあい、自己批判を強制されても、本社は助けようとしなかった。

その不条理は毎年、三〇人以上の現場管理職を自殺に追いやった。

この現実を知る葛西氏たちは、改革を推進するため、現場で労使交渉の矢面に立つ管理職一人ひとりについて、本社側でバックアップ役の担当者をつける仕組みを考え出した。それが里親制度だった。もし、現場の管理職が労組の攻勢や抵抗にあって窮地に立たされたら、本社側で徹底して支援する。

われわれは、この里親制度を国鉄から学び、マル労計画にとり入れた。

たとえば、本社の人事部から業務命令が出され、それを工場の人事課長が実行しようとすると、労使協議で労組側から突き上げにあう。従来の本社人事部はそんなときでも何も動かなかった。だから、人事課長も御身大事になり、妥協してしまう。一方、労組はますます増長する。この悪循環を断ち切るための里親制度だった。

マル労メンバー、石原社長と会う

マル労計画の第1ステップから第2ステップへと移ったころ、わたしはマル労メンバー全員を集め、石原社長に経過報告する機会を設けた。

組織戦開始の了承をもらってから半年以上経っていた。約束どおり、戦いが進んでいることを報告しなければならないし、マル労のメンバーにも会っておいてもらいたい。

場所は、日本橋浜町にある隅田川沿いの料亭の二階。入社年次がいちばん上の吉村さんが挨拶すると、石原社長はしみじみとこう語った。

「労使関係の正常化は、これからの日産を背負う若い君たちが立ち上がり、自分たちで勝ちとらなければ成功しない。吉村君、君たちのような人間をもっと集められないのかね」

われわれ課長クラスの人間が立ち上がるまで、塩路体制と一人で戦っていた石原社長の本音だったのだろう。ただ、簡単に集められるようだったら、日産はもっと前に変わっていたはずだ。

「頭数をそろえれば、戦いができるというものでもないですよ」

吉村さんはそう答えた。これも、髪の毛が全部抜けるほどのストレスに耐えながら、現場で一人で戦ってきた吉村さんの本音だったのだろう。

酒宴も進み、酔った勢いもあってか、吉村さんは、A3用紙に書き込んだ役員全員の「○×△」表をとり出して石原社長に見せた。○は改革派、△はあやふや、×は期待できない。

「なんだおい、○が少ないじゃないか」

石原社長の表情が一瞬くもった。

「仕方ないですよ。○が少ないから、こういう会社になったんでしょう」

社長相手にも臆さない吉村さんだったが、石原社長は無言で納得したようだった。

二時間ほど、酒を酌み交わしただろうか。石原社長は、人数は少なくても、身を挺して戦う部下がいたことを心強く思ったに違いない。最後にこんな言葉を発した。

「君たちは社長のために戦うのではない。自分で考え、自分で正しいと思ったことをやるんだ。ぼくはぼくで戦う」

われわれは、「自分たちで勝ちとらなければ成功しない」との石原社長の言葉を反芻しながら、改めて自らの使命を胸に刻んだ。

窓からは、遠くのほうで花火が見えたのをなぜかよく覚えている。前の年に開園した東京ディズニーランドで打ち上げられたようだった。わたしの家にも一〇歳、七歳、二歳の男の子がいたが、この何年かは土日も戦いのために費やし、どこにも連れて行ってやれなかった。

2　「マル5」で塩路体制を内部から崩す

塩路一郎の労連会長資格の違法性を追及する

塩路体制を倒すには、最後は日産の一般の組合員が立ち上がらなければならない。マル労計画と並ぶマル特計画は、労組内に反塩路勢力を拡大していく戦略、戦術だった。

このマル特計画において、特に法律面から塩路体制を攻めるために、わたしと安達さんが主導して着手したのが、通称、「マル5《ご》」の作戦だった。

マル5とは、労働組合法第五条のことで、そこには次のように記されている。

単位労働組合にあつては、その役員は、組合員の直接無記名投票により選挙されること、及び連合団体である労働組合又は全国的規模をもつ労働組合にあつては、その役員は、単位労働組合の組合員又はその組合員の直接無記名投票により選挙された代議員の直接無記名投票により選挙されること。

日産労組、部労、販労などは単位労働組合（単組）であり、自動車労連は日産労組、部労、販労などの単組の連合団体だ。したがって、その役員である塩路一郎会長は、労働組合法第五条にしたがえば、次の二つの方法のいずれかによって選出されなければならなかった。

①日産労組、部労、販労など、単組の組合員による直接無記名投票。
②単組の組合員による直接無記名投票で選ばれた代議員による直接無記名投票。

ところが、実態はまったく異なっていた。

自動車労連会長の選出は、定期大会に出席した代議員の拍手によるものだった。また、その代議員も組合員による直接無記名投票ではなく、常任委員の指名によって選ばれていた。

労働組合法第五条を無視したお手盛り以外の何ものでもなかった。

さらに問題なのは、塩路一郎会長に中核労組である日産労組の常任委員の資格が付与されていたことだった。

労働組合法第五条によれば、日産労組の常任委員は組合員による直接無記名投票によって選ばれなければならない。ところが、塩路会長はその手続きを経ずに、常任委員の資格を与えられていたのだ。これも明らかに、労働組合法第五条違反だった。この違法性を追及するのがマル5の作戦だった。

この違法性は組合内部の問題であり、非組合員であるわれわれ職制が組合の外から追及すると労働運動への介入になる。そこで、内部に問題視する勢力を増やし、彼らが立ち上がって、声をあげるようにしなければならない。つまり、組合の問題は組合内で追及し、解決しなければならない。

この追及運動を起こすには、組合のなかでオルグ活動をしながら批判を広めていく人間が必要になる。

そこで、わたしと安達さんの二人で、マル労チームとは別に、本社内でこれはと思う組合員に声をかけて結成したのが「マル5の会」だった。人事部、広報室、営業管理部などから六名ほどのメンバーが参画してくれた。

〝防弾チョッキを着る弁護士〟が顧問に就く

違法性を問うには、法律のプロの力も借りなければならなかった。ただ、労働法に詳しい弁護士は労組寄りの人が多く、下手に頼むと、こちらの手の内が労組側に筒抜けになるおそれがあった。

そこで、安達さんが東大の先輩で弁護士会会長を務めたこともある人物に相談し、紹介してもらったのが、久保利英明弁護士だった。

久保利弁護士は、いまでは企業統治（コーポレート・ガバナンス）の権威といわれるが、当時は株主総会からの総会屋の排除にとり組んでいるころだった。総会屋からの襲撃に備え、防弾チョッキも着用するなど、体を張った弁護士活動を行っていた。

われわれが相談に伺うと、「それは面白い。やりましょう」と快諾してくれた。強力な法律顧問を得て、マル5も戦う体制が整った。

3　崩壊の始まり

労組内でも派閥対立が深まっていった

自動車労連には三つの派閥があったが、マル労計画が第2ステップに入るころには、ナンバーツーの事務局長から、どちらかというと閑職の副会長ポストに移った清水春樹が塩路会長から離れ、労連内部は二つの勢力に分かれつつあるとの情報が入ってきた。

それは、清水副会長と会って聞いたという政界の裏方的人物からもたらされた話で、次のような内容だった。

・東京支部組合員から批判の出た労連の運動方針案について、中央執行委員会段階の審議で清水が反対をしたところ、塩路会長によって事務局長から副会長へと「棚上げ」された。清水は、「自分がどれほど塩路会長の尻拭いをしてきたかと考えると、本当にアタマにきた」と語っていた。
・塩路会長に対するマスコミの「女性スキャンダル」の次の動きがあるとすれば、「金のスキャンダル」だろうといったところ、(清水は) 従来だったら、「ぜひ止めてくれ」といったのに、今回は「やってもかまわない」というニュアンスだった。

また、清水副会長は日経新聞の産業部長に会い、「いま、組合は二つに割れている」「不発に終わるかもしれないが、自分なりに何かを起こしたいと思っているので、そのときはぜひ応援してほしい」と依頼しているとの情報も入ってきた。

その後、労連内部で目立った内部抗争は確認できなかったので、清水副会長の〝クーデター〟は多勢に無勢で抑え込まれたのかもしれない。ただ、労組のなかで、権力構造に変化が起きているのは確かだった。

意味深な塩路一郎の年賀状

労組内の変化の兆候は、塩路一郎が翌一九八五(昭和六〇)年の正月に書いた年賀状の次のような文面にもあらわれていた。

謹賀新年

碧空を雪の純白が限る。そのきらめく富士山を真正面に見て、しばらく走ったが、やがてゆるやかに右へ、また左へうねり、いつか富士山は、まったく左手になった。間もなく峠にかかる。もう富士山は見られまい。ただもしかして、登りつめたら——とも思うが、そのときはもう、さっきの富士山ではあるまい。

昭和六十年元旦

〒●　東京都品川区荏原●ノ●ノ●

塩路一郎

真意は不明だが、「富士山＝自動車労連会長職」と置き換えると、そのときの心情を投影していると読み解くのは、うがちすぎだろうか。

これまでの「富士山」はもう見られないので、次を目指す。実際、この時期、塩路一郎は「全民労協」の次期議長の座をねらっていると見られていた。

全民労協とは、全日本民間労働組合協議会の略だ。それまであった左派・社会党系の総評、右派・民社党系の同盟など、日本のナショナルセンター四団体が労働戦線統一を目指し、一九八二（昭和五七）年に結成されていた。これが連合（日本労働組合総連合会）へと発展していく。

全民労協は、労働界のみならず、政界に対しても大きな影響力をもつ。次期会長選をにらんでか、それまであまり出席しなかった全民労協の会合にしきりと顔を出すようになったとの情報が、わたしのもとには入っていた。

しかしながら、塩路一郎は自動車労連では強権を握りながらも、実のところ、労働界での評価は低く、同盟内で全民労協議長に推す勢力は皆無に近いこともわれわれはつかんでいた。

たとえば、ある有力な労働組合連合体の議長は、「塩路氏のあのやり方では、現場の心をつかむことはできない。塩路そのものが現場に立脚した人間ではないからね」と語っていた。

また、社会的な評価も変わりつつあった。

たとえば、塩路一郎は一九八三（昭和五八）年に、日米賢人会議（正式名称は日米諮問委員会）のメンバーに選ばれていたが、その内部での評価だ。

日米賢人会議には、日本側からは、委員長の牛場信彦（元対外経済担当大臣）以下、大来佐武郎（元外務大臣）、小林陽太郎（富士ゼロックス社長＝当時）、佐藤誠三郎（東大教授＝同）、盛田昭夫（ソニー会長＝同）、山下勇（三井造船会長＝同）といったそうそうたる顔ぶれが参加し、米国側も政財界の大物の名前が並んでいた。

そのメンバーに選ばれたのは、米国側にＵＡＷのダグラス・フレーザー前会長が入っており、それとのバランスをとるためとも考えられたが、国際労働運動家の面目躍如だった。

しかし、中曽根政権のブレーンで、第二次臨調参与を務めた日本の政治学の重鎮、佐藤誠三郎教授は、塩路一郎についてのマスコミ取材に次のように語っていた。

・英語能力は討議内容となる経済、財政マターになるとまったくダメである。
・雑談も彼の話はレベルが低く、自慢話が多く、他のメンバーもこれにはいささか閉口した。
・労働界国際派のリーダーといわれているが、彼の世界観は他人の請け売りが多い。

専属通訳の同席を要求し、ほかのメンバーの猛反対にあった話などもマスコミに流れていた。〝国際派〟のメッキもはがれかけつつあった。

更迭人事にY・Rショックが走った

自動車労連定期大会の運動方針案には批判が噴き出し、かつては完璧な一枚岩を誇っていた執行部にひび割れが生じ、社外では塩路一郎への不評の声がささやかれる。

その力に陰りが見えてきたことは確かだった。

石原社長も、マル労メンバーと日本橋浜町の料亭で会ってから一カ月ほどたった一九八四（昭和五九）年一二月中旬、経済誌の編集者たちとの「経済誌年末懇親会」で挨拶に立ち、「われわれは三〇年の長きにわたってたまったツケをいま払わされているわけだが、とにかくこれからの日産は変わり、労使関係も近々よい方向に向かいますから期待してください」とぶち上げた。

この発言を伝え聞いて驚いたのが労組側で、自動車労連幹部が広報室のわたしに発言の真偽を確認しにきたほどだった。

塩路一郎も自著でこの発言を「組合に対する総攻撃宣言である」と記している。

マル労計画の第1ステップの計画どおり、すでに、横浜工場から横浜グループの総帥的存在だったY・R第一製造部次長は更迭され、日産に影響力がおよばないように、浜松にある日産とは資本関係のない取引先に出されていた。

この更迭人事は塩路陣営にかなりの衝撃を与えた。

この〝Y・Rショック〟に続き、石原社長の発言が飛び出したことで、「年明け早々にも、また会社側が労連組織に手を入れてくるのではないか」というおそれを抱いたようだった。

ドミノ倒しの転向劇

この流れを止めてはならない。安達さんを中心に本社のマル労メンバーが戦略・戦術のプログラムを次々立案する一方で、製造現場のマル労メンバーは、労組の切り崩しに力を入れた。

塩路勢力の牙城、横浜工場では、Y・Rにかわって第一製造部次長になった吉村さんが、吉村流の〝一本釣り〟でオルグ活動を粘り強く続けていた。

まず、横浜工場出身の自動車労連副会長を呼び出して〝仁義〟を切った。

「これからはこの職場で、オレの考えで、オレのルールで、オレのやりたいようにやるから覚悟しとけ。口出しは許さん。これは男と男の約束だ」

そういって、なかば強引に握手させた。ここからが一本釣りだ。Y・Rの手先となって動いていた係長や組長を、一人ずつ飲みに誘い出して、話し込む。

「いまの会社と組合の状況がわかっているのか。このままでいったら、この会社は潰れるよ。おまえたちは潰すつもりか。もう一回、真人間になって、会社の立て直しを図るのがおまえたちの仕事ではないか」

もともと彼らは権力に操られているところがあった。生来、真面目な人間が多い。もう、ボスのY・Rはいない。私利私欲のない兄貴分肌の吉村さんの説得を聞き入れ、「わかった。次長、心配するな。オレたち味方になるから」と約束してくれるものが多かった。

影響力のある係長、組長が転向すれば、その下にいる組合員たちもドミノ倒しのように転向していった。

型製作課では吉村さんが職場を見回りに行くと、「頑張ってください」と次々と声がかかる。若い連中が、「何かあったらオレたちにいってくれ。オレたちは立ち上がるから」と、氏名を列記した血判状をもってきたこともあった。

現場が変わろうとしていると、吉村さんはそう感じた。

村山工場では、生産課長の脇本君が着任してきた反塩路派の人事課長と組んで、社内オルグを展開した。

村山工場でのサニーの生産開始以来、強い発言力をもった脇本君は工場長以下、部課長と正面から議論し、本社からの業務命令を着実に実行させながら、意識改革を強く求め、工場全体で改革の機運を生み出していった。

戦略的思考とともに、正しい目的のためには手段を問わない政治的判断力もあわせもった脇本君は、こんな離れ業もやってのけた。

あるとき、労働大臣のポストについていた自民党の有力代議士の後援会の会報を見ていて、一枚の写真を見つけた。代議士をはさんで塩路一郎と日産の塩路派の役員の三人がソルタス三世号に乗っている。役員と塩路一郎との癒着ぶりを示す写真だった。

脇本君は本社に飛んでいき、マル労担当役員の中島副社長（専務から昇進）に見せた。報告を受けた石原社長は役員会で、本人に釈明を求めた。その役員は以前にも、塩路一郎と一緒に別の代議士の選挙応援に出かけたらしいなど密接な関係が噂されていたが、今度は証拠写真が出てきた以上、釈明のしようがない。

これをきっかけに、その塩路派の役員は中枢から遠ざけられ、影響力を失った。

一方、わたしは夜行寝台に乗って、秘密裏に九州入りし、塩路派と目されていた九州工場の工場長に会って説得し、協力を求めた。地方の周辺部の工場を攻め落とせば、労組本部に与えるインパクトは大きいと考えたからだ。

その工場長は、労組がME協定を盾にロボットの稼働にストップをかけていたとき、九州工場のロボットについてはME協定締結の一カ月前に設置を完了しているものであるから対象にならないと、稼働を継続したことがあった。

このことから、塩路派でありながらも、状況によっては、労組本部の命令よりも、自分の工場の都合を優先する政治的な一面をもっているように思えた。だから、説得すれば動くと読んでいた。

事前に電話を入れてあったので、工場長は小倉駅まで約二〇キロの距離を車で走って迎えに来てくれた。わたしは工場内の人を遮断した場所で、日産の現状について話した。

すでに打倒塩路体制のマル労計画の体制づくりが進み、生産担当の中島副社長もバックについている。これから大きな動きが始まる。塩路側についていたら、勝ち目はない。九州工場はむしろ、マル労計画のモデル工場になってほしい。

工場長は予想どおり、正常化のために最大限の協力を約束してくれた。以降、九州工場は変わっていった。

4 辞任に追い込む

着々と進んだマル労計画

マル労計画の主たる目的は、会社の業務命令について、労組による事前承認を経ずに着実に実行できる体制をとり戻すことにあった。

組織戦開始二年目の一九八五（昭和六〇）年三月、九州工場で会社側は「四直休出」の業務命令を発した。休日の土曜日に四回連続で出勤を求めた。すると、労組は本部の常任委員を派遣して、徹底阻止を訴えた。

これに対し、工場では部課長が現場の係長、組長をオルグし、実行を求めた。現場もこれを受け入れた。

思わぬ事態に当惑した自動車労連は、人事部出身の清水副会長が、同じく人事部出身で社長直属の企画室の室長職にあった塙義一取締役（後に社長に就任しルノー傘下での救済を受ける決断をする）を急きょ、本社に訪ね、「業務命令を実行するととり返しのつかない大変なことになる。引いてほしい」と脅しとも、懇願ともとれる申し入れをしていった。

心配した塙取締役は細川専務（常務から昇進）に相談。それを受けた細川専務から、「安達、すぐ来てくれ。清水が来て大変なことになるといっているらしい」と、専務室に呼ばれた安達さんは即座に、「何も起こりません、大丈夫です。やるんです」と断言。業務命令は遂行された。実際、安達さんの予想どおり、何も起こらなかった。結局、労組は現場の動きに逆らうことはできず、四直休出に合意せざるをえなかった。

安達さんはよく、会社側対塩路側の力関係とそれに応じた組合員の動きを「フライパンの上のごまめ」にたとえた。このときすでに、フライパンは会社側に大きく傾き、その上のごまめもいっせいに転がり始めていた。

そしてまた、塩路労組という名のヨットも、明らかに復元力を失いつつあった。

同じ年の六月、販売力強化のため、生産現場の有能な係長を販売会社に出向させる「3S出向」（3Sはセールス・サポート・システムの略）の業務命令が本社労務部長から発信された。労組はこれに反発。指名された係長が集合場所へ出かけようとするのを、その自宅の前まで車で乗りつけて見張り、説得しようとしたり、出勤を妨害し、現場は一時騒然となった。

それでも、労務部および各工場は、決然と出向を決行。労組もやむなく旗を巻いて退散せざるをえなかった。

九月には、「就業時間中の組合活動に関する協定書」を労使間で締結。就業時間中に行った組合活動については「ノーワーク・ノーペイ」が原則となり、したがって、組合活動は就業時間外に行うべきであるという世間の常識がようやく実現した。

朝出勤しても職場に行かず、そのまま組合支部に行って一日過ごし、夕方職場に戻ると帰宅するような、以前の横浜工場では普通に見られたブラ勤係長の姿も消え、職場に規律が戻ってきた。

そして、同じく九月には、労組による現場支配の象徴であった工場での役付任命（係長、安全衛生管理組長の任命）について、労組への提案から通知へと切り替えられ、会社側はついにまともな人事権を獲得するにいたった。

悪魔のように細心に

マル労計画と並ぶマル特計画には、塩路一郎対策として、マスコミリーク作戦と怪文書作戦が入っていた。マル労計画を進めるのと並行して、ゲリラ戦も手をゆるめることはなかった。

マスコミの活用については、広報室の勝田君が頑張ってくれた。老舗《しにせ》の経営者向け雑誌「経済界」の記者にアプローチし、情報を提供して、塩路一郎の「真の姿」と、いま日産で起きている反塩路の動きを随時、記事にしてもらった。以下、主なものをあげる。

○「翳りが見え始めた塩路一郎自動車労連会長の権力の座～改めて問われる日産自動車の労使関係」（一九八四年六月二六日号）

○「留任を目論む自動車労連会長塩路一郎の凄まじい〝権力欲〟」（一九八四年一〇月二三日号）

○「〝日産の暴君〟塩路王国崩壊の序曲～〝トヨタ独走を許した最大の功労者〟といわれる男の『罪

と罰』」（一九八四年一一月二七日号）
◯「遂にきた〝塩路王国〟崩壊の日～日産に君臨する暴君の仮面を剝ぐ！」（一九八五年新春特大号）
◯「〝日産の首領〟塩路一郎自動車労連会長退陣のXデー」（一九八五年五月二八日号）

勝田君は一時期、経済界の記者に秘密の場所で会ってから出社するような日々を送っていた。

怪文書作戦も、マスコミリークと連動させるかたちで行った。

一九八三（昭和五八）年九月に配布した「日産の働く仲間に心から訴える」に続く第二弾は、「塩路会長への公開質問状」と題し、「日産自動車従業員有志」の名前で一九八五（昭和六〇）年四月から一カ月にわたって、従業員宅に郵送した。

その内容は、主に雑誌の経済界で報道された塩路一郎の金銭をめぐるさまざまな疑惑や女性問題について、本人に真偽を質すものだった。

特に金銭問題については、年間平均四万～五万円、係長クラスで一〇万円と他社よりかなり高い組合費を支払っている組合員として、「年間数千万円」もの「会長交際費」が組合から引き出されているといわれながら、会計報告にはその費目が見当たらないことについての説明と、会長交際費の明細の提示を求めた。

公開質問状のかたちをとりながら、自分たちが収集した塩路関連のスキャンダル情報をマスコミに流して仕かけ、マスコミが報道した数々の疑惑を、今度は「日産自動車従業員有志」を装って、怪文書で社内に拡散する。かなり謀略的ではあったが、正しいと思う目的のためには手段は選ばない、それをゲリラ戦の鉄則とした。

「悪魔のように細心に、天使のように大胆に」と、日本映画界の巨匠、黒澤明監督は自らの映画づくりについて語った。二〇年以上にわたって蟠踞し続けた強固な権力構造を崩すには、悪魔のような細心さと、大胆さやしたたかさが求められたのは確かだった。

常任委員の定期改選で批判票噴出

マル特計画のなかで、法律面から塩路一郎を追い込むマル5作戦は、やがて見事に成果となってあらわれた。

マル労計画の成果が次々と出始めた一九八五（昭和六〇）年八月、日産労組常任委員の定期改選のための選挙が行われた。その際、東京支部第四選挙区（人事部、経理部、生産管理部、広報室など）、および、追浜支部、村山支部、横浜支部の各選挙区から、大量の組合批判票が出たのだ。

東京四区では、有権者七〇七名中、四五六（六四・五％）の棄権票が出て、八名の常任委員候補について選挙不成立となった。

追浜、村山支部では、特定候補者に対し一〇〇～二〇〇の白票が出た。

横浜支部では、特定候補に対し、職場組織が立候補推薦を拒否した。

これらの職場から出た批判は、労働組合法第五条に違反するかたちで自動車労連会長に選出された塩路一郎が、やはり同五条に違反して、常任委員選挙に立候補せずして、常任資格を付与されることへの疑問からだった。

ここに、生産管理部の職場組合員有志から塩路一郎および日産労組組合長宛てに出された文書を引用しよう。七月より二度にわたり、「塩路会長の常任委員選挙立候補」の要望書を提出したものの、明確な回答が得られなかったことから、八月五日の投票日当日に提出されたものだ。

私達も組合の体質の改善は執行部だけの仕事といった今までの甘えた考えを改め、今後は全力で協力したいと思います。そのための第一歩として、私達は本日の常任委員選挙に際して棄権という方法をもって臨み、組合の早急な体質改善を求める意思を表明したいと考えます。（中略）

今回の私達の態度を、「積年にわたって積み上げられた組合の体質に対する改善の意思の表明」と受けとめ、今後このアピールを最大限活用されることを願ってやみません。

文面は表面上はソフトだが、行間には塩路体制を「改善」しようとしない労組執行部に対し、「棄権」というかたちで抗議する意志が読み取れる。

投票日の四日前には、清水副会長をはじめとする労組幹部に対し、東京四区の総括層約一〇〇名が塩路一郎の常任資格付与問題や各種スキャンダル、3S出向の際に係長の出向を妨害した問題などを、三時間にわたって追及する場面があった。

このような組合批判は、以前の塩路体制下ではありえない光景だった。潮目が変わった。われわれはそう実感した。

ついに組合内部から「退陣要求」が出される

常任委員の定期改選への批判票噴出から二カ月後の一〇月、日産労組定期大会において、大会決議に対し、東京支部代議員が白票を投じ、執行部批判を行った。

このころには、自動車労連内部でも、清水副会長率いる大卒グループや工専卒グループは、離反していた。

塩路一郎の自著でも、執行部の大卒グループから塩路批判の声があがり始めたことに対し、次のような茶番的な記述があらわれるようになる。

私は前にあるグラスを持って、

「清水君、君が俺の目の前でこのコップに毒を盛ったとする。俺はそれを黙って飲むよ」

と、組合首脳間の信頼関係の重要性を諭してみたが、彼らにはもはやそれは通じない。

翌一九八六（昭和六一）年二月、ついに組合員から辞任を求める声があがる。二一日に開催が予定されていた日産労組代議員大会に向けて、生産現場における最大の組織である三会（係長会、安全衛生管理主任会、組長会）から「自動車労連塩路会長退任」の申入書が提出されたのだ。

さらに、各支部の有志からも、退任要求の要望書、決議文が出された。

塩路一郎はついに、代議員大会において、秋の自動車労連定期大会において退任する意志を表明する。ただ、自動車総連会長の職は続投の意向を示した。

とどめを刺した「フライデー」のスクープ

代議員大会開催から六日後の二月二八日金曜日、フォーカスと並ぶ講談社の写真週刊誌「フライデー（FRIDAY）」の三月一四日号が発売された。

そこには、「日産『陰の天皇』の座追われた『労働貴族』塩路一郎愛人宅みつかりスタコラサッサ」と題した次のようなスクープ記事が掲載された。


2月23日、関東地方はポカポカ陽気だった。日産自動車労組を中心にした自動車労連の塩路一郎会長（59）は、横須賀（神奈川）の佐島マリーナでヨット遊びに興じていた。塩路会長といえば、日産の〝陰の天皇〟と異名をとる大実力者だが、ドンの周辺にはオンナと酒にまつわる話が絶えない。

その塩路会長がこの前日の22日、日産自動車労組の代議員大会で、「会長退任勧告」を〝決議〟され、23年間君臨してきた会長の座を実質的に追われることになった。「醜聞もさることながら、労使関係をメチャクチャにした日産低迷の張本人ともいえる塩路はもう許せん！ということです」（日産労組

幹部）

〝塩路天皇〟絶体絶命のピンチ。とてもヨット遊びの心境とは思えないのだが、そこがドンの不可解なところ。おまけに帰りには噂の〝愛人宅〟を訪れるのだから、立派な神経の持ち主だ。

夜9時、ドンは（私用でも使っている）労連所有のフェアレディZを駆って横浜市西区浅間町にあるとあるアパートへ現れた。革ジャンにサングラス。手土産のトンカツを片手にいそいそと階段を上がり、ノックもせずにノブに手をかけた。その瞬間、ドンに声をかけると、すかさず紙袋で顔を覆い、脱兎のごとく階段を駆け下りた。

（中略……あわてて階段下でつまずいたり、雪の残る坂道で転んだりする）

その間、ドンが発したのは「オレの女じゃネエ」という繰りごと。「そりゃ塩路さんは慌てますよ。女関係はいろいろ書かれましたが、実は彼女こそ10年近く続いている本命中の本命」（労連関係者）。事実アパート近くで、塩路氏と愛車がたびたび目撃されている。

佐藤優子さん（仮名＝30）とドンは、彼女が「芸者」をしていた横浜の高級割烹で知り合い、週に3〜4回も通う時期もあったようだ。しかし、今回の〝訪問劇〟に関しては、24日労連会館で塩路氏はこう弁明した。

「時期が時期だけに軽率でした。でも男と女の関係はない。部屋に上がったのは数年前に一度だけ……」

へエー、スタコラサッサした塩路氏のこの日の訪問、2度目だったということか――。

記事とともに、塩路一郎の逃げ出す姿や坂道で転ぶ姿、それと、買い物かごを手に地味な格好で道を歩く女性の写真が掲載されていた。

権勢を誇った人物のあまりにも哀れな姿だった。

記事に出てくる横浜の高級割烹を塩路一郎は、労組の会合や海外の要人の接待などでよく利用していた。記事では、「佐藤優子」さんはそこで働いていた女性とある。二年前、フォーカスの記事が出たあと、身近な人間に、「本命の女が出なくてよかった」などと漏らしている話も伝わっていたが、本命はその女性だったわけだ。

あとで聞いた話ではこのフライデーのスクープはその割烹の従業員からのタレコミによるものとのことだった。

この愛人報道が組合内部におよぼす影響は明らかだった。

翌三月、塩路一郎は秋の定期大会を待たず、すべての公職から身を引いた。

揺るぎないほどの盤石な組織基盤を誇った権力者も、ついに内部の支持を失い、最後は女性関係という最大の弱点を突かれ、とどめを刺された。

塩路体制は崩壊し、われわれの七年におよぶ戦いは、ここに幕を閉じた。

フライデーの記者に待ち伏せ取材された日のことを本人は自著で、次のように記している。

その夜、自宅に戻り、妻にいきさつを話すと、「あなたは今まで組合の仕事ばかりで、子供が生まれても遊んでやったことがない。それがもう結婚適齢期になっている。これからは子供の結婚の邪魔をしないでほしい」といわれた。

最後は家族からの信頼も失い、見放される。権力を失ったものの末路を思わせた。

第9章

戦いは何を変え、何を変えなかったか

1　残された最後の仕事

日産の歴史から抹殺された男

戦いが終わったあと、わたしにはもう一つ、果たさなければならない、ある人物との約束があった。

「もし、川勝さんの力でできるなら、社史にわたしの名前を入れてほしい。わたしの名誉を回復してほしいのです」

その人物とは、日産労組設立の立役者であり、自動車労連を創始した初代会長、宮家愈《まさる》氏だった。塩路一郎にとっては、若き日、日産では異端だった自分を自動車労連の二代目会長に大抜擢してくれた大恩人だ。

わたしが宮家氏と初めて会ったのは、佐島マリーナで張り込みを続けていたころだっただろうか。打倒塩路一郎の戦いに挑んでいるわたしのことを伝え聞いたようで、宮家氏のほうから「会いたい」と申し入れがあり、宮家氏のかつての同志であった古川さんと一緒に面会の機会をもった。

塩路一郎の退任後にも、報告を兼ねて再度お会いし、そのとき、宮家氏から託されたのが、社史に自分の名前を記述してほしいとの願いだった。

川又会長、岩越社長時代の一九七五（昭和五〇）年に編集された『日産自動車社史』には、日産労組の結成の経緯について一〇ページが割かれている。

そこには自動車労連会長として「塩路一郎」の名前は計四回出てくるが、重要人物である初代会長の宮家氏は一度も登場しない。戦後の日産の再建・復興期に労使協調の基礎を築いた功労者が、社史から抹殺されていたのだ。それは、塩路一郎本人の意向によるものと考えて間違いなかった。

宮家氏と塩路一郎が出会ったのは、一九五三（昭和二八）年に起きた日産争議のときだ。当時の日産の労組だった全自動車日産分会は、闘争至上主義的な労働運動へと走り、「一年を十月《とつき》で暮らす日産」と世間で揶揄されるほど、ストライキが絶えなかった。

この過激な労働運動と対峙した川又専務（当時）は、ストに突入した組合に対し、ロックアウト（労働者側のストライキに対抗して、使用者が工場を閉鎖すること）という強硬手段に打って出た。

これに呼応するように、組合の階級闘争路線に批判的だった大卒社員たちの「民主化グループ」によって、第二組合の日産労組が設立される。この民主化グループのリーダー的存在が、一橋大学を卒業後、一九四九（昭和二四）年に入社した宮家氏だった。

日産労組は日ならずして勢力を拡大。日産分会は壊滅する。続いて、日産圏の組合の連合体として自動車労連が一九五五（昭和三〇）年一月に結成され、宮家氏が初代会長に就任した。

使い走りだった塩路一郎は階段を一気に駆け上がった

塩路一郎は、日産争議が起きた年の四月、他の大学卒社員とともに、二六歳で入社した。明治大学法学部の夜間部に通っていた学歴は官学偏重の日産にとって異例だったが、その経歴も異色だった。

一九二七（昭和二）年一月一日、東京の生まれ。父親は牛乳会社を共同経営していた。第一東京市立中学校（市立一中　現・千代田区立九段中等教育学校）時代は、背が低いためいじめられることが多かったが、相手が多数でもひるまず立ち向かっていったという。少年時代から機械いじりが好きだったこともあり、海軍の技術将校を夢見て、その養成機関である京都府舞鶴市にあった海軍機関学校へ進んだ。終戦後、東京に戻るが、まもなく父親が死去し、牛乳会社も解散になった。家族を養うため、引き揚げ者の輸送、ラジオ修理屋、ダンス教師など、いくつかの職業を渡り歩き、戦後の混乱期をたくましく生き抜いた。

一九四九（昭和二四）年春、日産系の化学メーカー、日本油脂（現・日油）王子工場の工員募集に応募し、倉庫係に配属された。勤務のかたわら、明治大学法学部夜間部に入学する。

日本油脂では、共産党系の労組が労働運動を展開していた。このころのエピソードが塩路一郎の自著で紹介されている。

あるとき、組合の集会で、何かの演奏会と間違えて紛れ込んだ米国兵がスパイ扱いされ、暴行されている現場に出くわした。そこで、間に入って米国兵のいい分を伝え、解放させた。ところが、翌日の集会でも執行部が前日の米国兵をスパイ呼ばわりしたため、事実誤認を指摘した途端、「資本家の犬」と批判された。

このときから、反共の意識が芽生えていったようだった。

日産の入社試験を受ける際には、明治大学からの採用の前例がなかったため、人事部長に直談判し、「受験だけは差別待遇をせず、平等にとり扱ってもらいたい」と三日間にわたって食い下がって受験にこぎ着けると、自らの反共主義の思想を売り込み、人事部長も日産で激しい労働運動が続くなかで、それを期待して採用を決めたともいわれる。

実際、入社後すぐに、その期待に応えるかのような行動をとっている。新入社員全員で日産分会の組合長の話を聞いた際、塩路一郎が質問に立ち、日産分会の活動の合法性を問うたことがあった。その次の週に開かれた全員集会で、組合長が「今年の学卒のなかに日経連（日本経営者団体連盟）の回し者がいる」と語った。塩路一郎は組合事務所に行って、組合長に面会を求め、「回し者とは誰のことで、何を根拠にそのようなことをいうのか」と問いつめた。

組合長に抗議に行った新入社員がいる。この話が宮家氏の耳に入る。塩路一郎は宮家氏に呼ばれ、「民主化グループに入らないか」と誘われた。

ここから、組合人生が始まるのだ。

使い走りの初年兵だったが、宮家氏は日産分会の青年部の幹部をオルグして回るなど、行動力のあるこの若者に目をかけ、自分のかばん持ちとして連れ歩いた。

民主化グループにはアジト（秘密指令所）があり、塩路一郎は工場の文書課のタイピストでアジトに出入りしていた女性と親しくなり、後に結婚する。宮家氏に仲人も、生まれた子どもの名付け親も引き受けてもらうなど、公私にわたり引き立てられた。

やがて、日産労組結成から九年目の一九六二（昭和三七）年九月、宮家氏も下番のときが到来した。塩路一郎は宮家氏の後継指名により、三五歳で第二代自動車労連会長に就任する。宮家氏は、指名した理由を次のように語っている。

塩路は一生労働運動に没頭したいからというので、後継者にした。本当に純真ないい若者だと思ったから。あの当時、労働運動に没頭したいなどという奴はいなかった。

ところが、この下番をめぐり、宮家氏は川又社長（当時）と自身の後継者の二人から、謀略による裏切りにあうのだ。

恩人の追放を仕かけ強大な権力を手中に収める

始まりは、下番にあたり、宮家氏が役員ポストを求めたことだった。会社側が用意したのは業務部長職。三〇代後半で同じ学歴の同期が課長クラスだったから、特進の出世だったが、宮家氏は、自分の貢献はそれ以上のポストに値すると考えた。

その意を汲んで、塩路一郎が動いた。横浜工場のメインラインを、事故を装って二時間ストップさせたのだ。労働組合の正当な争議権を逸脱した違法なストライキだった。

脅しの極秘ストを知った川又社長は激怒し、塩路一郎を呼びつけて恫喝した。ところが、ここから二人は手を結ぶようになる。

川又社長は、宮家氏が社内で増長してくるのを喜ばなかった。日産分会に敢然と立ち向かった性格からして、自分に全面服従するとは考えられない。意識は宮家排除へと傾いていった。

それは塩路一郎も同様だった。宮家氏は下番後も折にふれ、自動車労連の会長室にあらわれては指示めいたことをいった。こうたびたび指示をされては、使い走りのころと変わりはない。権力欲の強い弟子にはこれがおもしろくなかった。

ここに二人の利害は一致した。

宮家氏は「自分の出世のために組合にストライキまでやらせた」と、極秘ストの首謀者に仕立て上げられ、職務から外されてしまう。

孤立した宮家氏は、真相を明かすこともせず、あっさりと身を引き、自ら日産を去っていった。

塩路一郎は、宮家氏の腹心だった自動車労連幹部たちも粛正。名実ともに日産圏の全組合員の頂点に君臨するとともに、川又社長に恩を売ったことで、川又―塩路体制を構築していった。

こうして、一人の若者が終戦後の混乱のなかから、手段を選ばず成り上がり、最後は大恩人を追放までして絶対的な権力を握ったのだった。

ただ、宮家氏にお会いしたときに作成したわたしのメモ書きを見ると、塩路一郎の面倒をよく見てやった話はしても、特に恨み節は聞かれなかった。

日産争議収束後、頭角をあらわした川又専務の存在を、当時の浅原源七社長は快く思わず、興銀も巻き込んで追放工作を仕かけたことがあった。これに対し、宮家氏は、横浜工場の製造ラインを止める違法なストライキにより脅しをかけ、川又追放を撤回させた。塩路一郎は師を真似たのだ。

宮家氏は、自身が一度は権力の座についたことがあった分、権力にとりつかれた人間がどのようなものか、わかっていたのかもしれない。日産を去ったあと、宮家氏は自動車関連の企業の経営に携わり、わたしがお会いしたときには、計七社、合わせて二〇〇〇人程の従業員を率いていた。

あるとき、宮家氏は銀座のクラブで塩路一郎と偶然、鉢合わせしたことがあったという。

「塩路は直立不動でした」

自らが追い落としたかつての師を前にして、どんな思いが去来したのだろうか。

「社史に名前を残してほしい」。わたしは社史の編集担当者に宮家氏の望みを伝えた。その後出た社史には、「宮家愈」の名前が登場する。一行だけだったが、わたしは宿題を果たせたと安堵した。

2 「メロス」はあらわれなかった

「一社員に戻ろう」

七年におよぶ長い戦いが終わったあと、ともに戦った仲間たちの解散式を行った。

メンバー一人ひとりに声をかけ、戦いに参加を求めたわたしは、すべてを終え、解散するにあたり、自分たちの戦いを第二次世界大戦中のフランスのレジスタンス運動になぞらえて、こう呼びかけた。

「フランスのレジスタンス運動は、町のパン屋や八百屋が、フランスを占領したナチスドイツと戦うために立ち上がった。そして、勝利したあと、また、もとのパン屋に戻り、八百屋に戻った。だから、われわれもパン屋に戻ろう、明日から一社員に戻ろう」

このとき、われわれは互いに約束したことがあった。

自分たちが活動をしてきたことは、誰にも話さない。手柄だとも考えないし、自慢話など絶対口にしない。そして、何よりも論功行賞はいっさい求めない。

誰もがこれに同意し、誓い合った。

われわれの戦いは、日産の歴史には刻まれないだろう。それをよしとする。

みんな晴れ晴れした表情を浮かべながら、勝利の美酒に酔いしれた。

「流れを変えよう」

組織戦が始まって二年目の一九八五（昭和六〇）年六月、石原社長は会長に就任して、経済同友会代表幹事の職を引き受け、後任の社長には久米副社長を指名した。

交替に際し、久米次期社長には「組合の問題はほぼ解決したので、本来の企業力を発揮してもらいたい」と伝えたと自著に記している。戦いはまだ続いていたが、われわれの勝利を信じていたのだろう。

わたしは、石原社長に面会して組織戦の承諾を得る前、常務以上の全役員の自宅を訪問していたが、そのとき、久米宅も訪れていた。自宅は相模原市（神奈川）の団地だった。

東京帝国大学第二工学部航空原動機学科出身で、日本海軍で軍用機の製造、修理に携わった。日産入社後は生産畑を歩んだエリート技術者だ。副社長でありながら、団地暮らしとは意外だった。奥さんもモンペに前掛けの姿で質素な暮らしぶりを感じさせた。

わたしは初対面ながら、日産の生産性の低さを示す資料を見せながら、「このままいくと、日産は潰れます」と訴えた。「最後の一滴まで血を入れ替えないとこの会社はよくならない」。久米副社長がそう答えたのを覚えている。

久米政権発足とともに、わたしは広報室渉外課長から、社長直轄でブレイン役を担う企画室の課長へ異動になった。企画室長は後に社長になる塙義一取締役だった。

久米社長は就任とともに、「流れを変えよう」というメッセージを発信した。

そして、自動車労連の清水春樹会長代行も、それまでの対決姿勢を転換し、「流れを変えよう」と呼応した。

われわれがすべての障害をとり除き、整地した上に新しい日産が生まれる。久米社長主導による改革に期待が高まった。

顧客志向へと社風を刷新する

「社風刷新をしたい。そのプログラムをつくってくれないか」

わたしは久米社長に呼ばれ、社風刷新プログラム作成のミッションを与えられた。

「最後の一滴まで血を入れ替えないとこの会社はよくならない」。わたしは、相模原の団地のお宅に伺ったときにいわれた言葉を思い出していた。

自動車業界は、長く続いたトヨタ・日産二強時代が終わり、ホンダ、マツダ、三菱がレースに参加してきていた。豊かになった消費者は、画一的な量産車にかわる個性的な車を求めていた。競争は激化し、日産はシェアを落としていた。

日産という会社を根本から変えなければならない。いままでは顧客に向くべき目が労組に向いていた。あるいは、労組問題から目を背け、上を向いて仕事をしていた。その社内の価値観を根底から変革しなければ、日産は生まれ変われない。

日産の体質をもっとも知悉しているマル労のメンバーで再度プロジェクトを組んで知恵を出し合い、プログラムの骨子をつくり上げた。

その第一のポイントは、「効率至上主義のトヨタとも、開発型企業のホンダとも違う、顧客志向に徹した会社に生まれ変わる」というものだった。顧客志向の欠如が日産のもっとも悪しき体質の一つだったからだ。

わたしは久米社長に、「お客さま第一義」の企業理念を打ち出してもらい、会社の創立記念総会に集まった社員の前で発表してもらった。それまでの日産には「労使相互信頼」という〝合言葉〟はあっても、企業理念は存在しなかっただけに、新鮮なメッセージとして受けとめられた。


まずは、工場から改革する。わたしは七工場のうち、追浜と九州の二箇所にモデル工場になってもらおうと考えた。

最初は「さん付け」運動だ。工場長はじめ、すべての役職者を職位で呼ぶのをやめる。頑迷固陋な官僚主義を崩すには、日常の小さな習慣を変えることが大切だと考えた。工場長は快諾してくれ、自分の机に「わたしを○○さんと呼んでください」と貼り紙をしてくれたりした。

部長たちも、社外に目を向けようと、「わたしは今月は一〇人のオピニオンリーダーに会いに行きます」と大書した模造紙を自分の机の後ろに掲げてくれるようになった。

「お客さま第一義」の企業理念を実践すべく、製造の現場が変わり始めた。

たとえば、あるタクシー運転手から、「二〇年以上乗っているセドリックのブレーキドラムがおかしくなったが、部品在庫がもうないようなので廃車にしなくてはならない」という手紙が工場に届いた。すると、現場の人間が「部品一個でもつくる」といい出した。一個つくるにも、金型からつくり直さなければならない。普通の工場でもやらないことをやり始めたのだ。

追浜と九州の二工場が変わると、ほかの工場も影響されて変わり、さらには開発部門にも波及した。たとえば、花形のエンジン設計部は「日産のエンジンは世界一」と信じる〝中華思想〟の持ち主だった。それがどう変わったか。

新体制下ではお客様相談室も拡充され、エンジンについても不具合のクレームが寄せられるようになった。従来であれば、そのクレームをエンジン設計部に届けても、「そんなはずない」と門前払いされていたのが、きちんと対応するだけでなく、自らお客様相談室へ足を運び、「ほかにクレームや要望はないか」と聞いてくるようになった。

新車の開発も、従来、設計開発の上層部はリスクをとることを嫌い、既存のデータで「売れる」ことと、リスクがないことを証明できるような〝一〇〇点満点〟の企画案を求めた。そのため、最初は斬新な企画案でも上にあげられるにつれ、角がとれて特に特徴のない企画になっていく。日産車にヒットが出ない理由はそこにあった。

それが新体制下では、「六〇点でGO！」を合言葉に、既存の基準では六〇点であっても開発にGOサインを出すように変わっていった。これは開発の現場を一気に活気づけた。

こうして改革運動が高まるなかで、一九八八（昭和六三）年、シーマという大ヒット車が生まれる。

従来、高級車といえば、日産のセドリック、トヨタのクラウンが二枚看板だった。シーマは、両モデルの購買層よりさらに上の富裕層に向けて商品を投入する「リッチャーモデルミックス構想」により誕生した。折しもバブル最盛期の追い風を受け、その大ヒットは当時の高額商品に対する旺盛な需要の象徴として「シーマ現象」と呼ばれた。

しかし、改革の機運が高揚したのも、ここまでだった。

久米宅でエプロン姿で出てきた総務部長

経営会議にはかる提案は企画室で作成する。あるとき、翌日の月曜日の経営会議に出す提案を急きょ修正する必要があり、日曜日の夜、久米社長の承認をもらいに、企画室のメンバーとともに五反田にあった社長公邸を訪ねた。

インターフォンで来訪を告げ、ドアを開けて入ると、奥から出てきたのはエプロン姿の総務部長だった。玄関のすぐ隣の部屋では、部課長連中が酒盛りを繰り広げていた。

「あなたがたはここで何をやっているんですか」とのどまで出かかった言葉をのみ込んだ。

「改革はもう終わった」。久米社長の口からそんな言葉が聞かれるようになったのは、改革が開始されてから、二〜三年たったころだろうか。

日産の労使関係の改革を経験したものとしての感覚では、改革はまだ二合目か、三合目程度だったが、久米社長は「これで新しい日産ができあがった」といい始めたのだ。

それとともに、石原会長が社長時代に中枢から遠ざけていた組合派とみられていた部課長クラスを登用するようになった。上の動きの変化を感じとり、機を見るに敏な人々は、久米社長にすり寄っていった。日曜日の夜、社長公邸での宴会にはせ参じていたのは、そうした連中だった。

もともと親分肌のところがあった久米社長も、そうやって自分に近づいてくるとり巻き連中をかわいがる傾向があった。出世願望の強い部課長は当然、とり入ろうとする。久米社長は毎月一回、部長クラス以上を呼んで役員食堂でパーティを行っていたが、毎回、「腹心」と称する面々が「今日は誰を呼ぼうか」と物色していた。

その一方で、わたしは次第に遠ざけられていった。

社風刷新が軌道に乗り始めたころ、たまたま二人きりになった機会があり、「企業理念のたった何文字かで、こんなに会社が変わるとは思いませんでした」とわたしが感慨深く話すと、「本当にそうだな。変わるもんだな」と久米社長もしみじみ語ったものだ。それが、やがてエレベーターで乗り合わせても、顔も合わせなくなった。その変わりように驚いた。

久米社長への猟官運動に勤《いそ》しんでいた連中は、打倒塩路体制の動きには傍観者を決め込んでいた部課長だったので、わたしやわたしの同志たちの排除に汲々としていたのだろう。讒言《ざんげん》を弄《ろう》して自分の地位を有利にしようとする、昔からよくある類いの行動で、われわれの悪口を久米社長に鼓吹していたようだった。

久米社長が唱えた「流れを変えよう」は、社長としての基盤が固まるにつれ、次第に「石原前社長がつくった流れを変え、自分の流れをつくろう」に変わっていった。

「オレがやった」

ゲリラ戦、組織戦を戦ったメンバーたちは、自分たちが活動したことをけっして口にしないとの誓いを守ったが、新体制の発足後、「オレがやった、オレがやった」と自慢する人間たちが次々あらわれた。

フォーカスのスクープにより、塩路一郎が英国プロジェクト問題でいったん矛を収めたころ、労務部の強化のため着任したイケイケドンドンタイプのF・D部長（その後、取締役人事部長に昇進）などはその典型で、「オレが塩路体制を倒した」と自慢話を社内で吹聴した。

そんな自慢話組について、石原会長は「彼らは打倒塩路体制のレールが敷かれた上を走っただけだ」と、あきれていた。そのF・D部長も流れが変わったとみるや、一転、自慢話をやめ、久米社長のとり巻きの一人となった。

F・D部長は、その後、副社長にまで昇進するが、社長就任をねらい、その実績づくりを焦ったばかりに、M資金（GHQ＝連合国軍最高司令官総司令部＝が占領下の日本で接収した財産などをもとに、極秘に運用されていると噂される秘密資金で、しばしば詐欺の手口に利用された）の詐欺話に引っかかり、失脚する。

「走れメロス」

「これからは全社一丸になって会社をよくしていかなければならない。重要なのは塩路一郎を倒したあとの新しい体制づくりだ。川勝、何か書けよ」

日産には「ニッサンウィークリー」という、人事部教育課が編集する部課長対象の週刊の社内誌があった。塩路一郎がすべての公職を辞した直後、わたしは安達さんから、同誌への寄稿を求められたことがあった。

これまで、自分の意思や信念にもとづいて考え、行動することが許されなかった部課長たちに向け、日産労組結成以来の過剰な労使協調路線の三〇年間、なかでも塩路独裁体制の過去二〇年間と決別し、新しい日産をつくるため、奮起を促すメッセージを書けという。

わたしは「走れメロス」と題した次のような一文を匿名で執筆した。

　ホンダが四輪車に本格進出したのは昭和四七年（シビックの発売）。それからわずか一三年、モデルチェンジでいえば、三回繰り返す間に、ホンダの連結利益は私達のそれをはるかに抜いてしまった。

　トヨタはこの二〇年間、「カンバン方式」、「トヨタ生産方式」と世に称されるものを完成させ、TQC手法をトヨタの組織のすみずみまで行き渡らせた。

　いずれも、「健全なる身体」をつくるための懸命の努力の所産であった。

翻って私達は、この二〇年間、車づくりや組織効率の面で、これが「日産マネジメント」だと世に誇れるものを築きえたであろうか。残念ながら私達は、深い山合いの深い盆地の中で、時に「相互信頼」の価値観を信ずることはあっても外界への対応にさして高い価値観を置くことはなく、社内志向、組合志向の深い毛布の中で眠ってきたのだ。

しかしこの二、三年、労使関係という次元で私達の「健全なる身体」を取り戻す努力が全社で行われ、関係者のご努力があって労使関係の重いシーリングはようやく取り除かれた。

労使関係の改善は、それが他社並みになったという意味では、他社と同じゼロ復帰したに過ぎないことかもしれないが、ようやく私達は、業界他社と同じ条件でスタート台に立つことができた。

次なる使命は、企業再建というもう一つの「健全なる身体」を築き上げる作業に、私達が、いかに求心力をもって、取り組めるかだ。真の仕事集団にいかに変身できるかが、これからの私達の将来を決定する。

奔馬の如く、まなじりを決して疾駆していかねばならない。

残された時間的余裕は多くはない。まさに、私達は「走れ、メロス」を要請されていると思う。

『走れメロス』はいうまでもなく、作家、太宰治の短編小説だ。

暴君の暗殺を企て、捕らえられたメロスは処刑をいいわたされるが、親友のセリヌンティウスを人質として王のもとにとどめ置くことを条件に、妹の結婚式をとり行うため三日後の日没までの猶予を与えられる。

　式を無事に終えると三日目の朝、王宮に向けて走り出す。途中、幾多の困難や不運にあい、疲労困憊して一時は親友を裏切る誘惑にかられるが、再び走り出し、親友の処刑寸前、約束を果たす。真の友情を見た王は改心し、二人を放免する。

　わたしは、労使関係だけでなく、企業再建においても「健全なる身体」を構築しないかぎり、市場から〝処刑〟を宣告されかねない日産をメロスにたとえた。そして、限られた時間内にいかに「奔馬の如く」「疾駆」できるかが問われると訴えた。

　しかし、メロスはあらわれなかった。日産は、結局、「健全なる身体」を築き上げることができず、久米社長（就任期間は一九八五〜九二年）、次の辻義文社長（同一九九二〜九六年）を通じ、膨大な借金を抱えるようになる。

　久米社長は日本だけなく、海外投資を積極的に行い、米国、欧州にも開発センターを設立し、開発の三極体制を目指したが、開発センターはすぐに収益に結びつくものではなかった。

　また、久米社長は「夢工場」の実現を謳い、九州工場を全自動ロボット工場化したが、人間の手で処理したほうがはるかに速く効率的な作業までもすべて自動化しようとしたため、膨大な設備投資が行われた。トヨタであれば、絶対、行わない自動化だった。

　久米社長の時代、石原会長に会った際、「いまの投資計画だと、これからの日産の借入金はどのくらいになるのか」と質問されたことがあり、「兆」の単位まで達することを告げると、「そんなになるのか」と驚かれた。久米社長から石原会長には、ほとんど経営情報は伝わっていなかった。

続く辻社長も、非常に真面目な典型的エンジニアだったが内向きで、経営者には向かなかった。二代目マーチが欧州のカー・オブ・ザ・イヤーに選ばれたとき、表彰式には社長が出席するのが通例だったが、まわりに説得されても、最後まで出席を嫌がった。

そして、塙社長（同一九九六〜二〇〇〇年）の時代には、約二兆円もの有利子負債を抱えて倒産寸前の経営危機に陥り、外資に救済を求めることになる。

最初は、ドイツのダイムラーと交渉するが決裂。一九九九（平成一一）年、フランスのルノーと資本提携を結び、同社の傘下に入って再建を図ることとなった。提携内容は、ルノーが六四三〇億円（約五〇億ユーロ）を出資し、日産自動車の株式三六・八％を取得するとともに、日産自動車の欧州における販売金融会社も取得するというものだった。

プラハの春

わたしが労組との戦いの手本とし、教えを請うた国鉄では、葛西敬之、井手正敬、松田昌士の国鉄改革三人組が、労組問題という過去の負の遺産を払拭すると同時に、国鉄分割民営化という未来像を目標とした戦いを展開した。そして、分割民営化が実現すると、それぞれ、ＪＲ東海、ＪＲ西日本、ＪＲ東日本の経営幹部となって改革を推進した。

さかのぼって明治維新も同様だった。徳川幕府を倒した薩摩、長州を中心とする志士たちが、明治維新の新政府の中枢を担い、近代日本の礎を築いた。

一方、日産は違った。打倒塩路体制の戦いを仕かけたわれわれレジスタンス組織は、すべてが終わると一社員に戻り、戦いにかかわらなかった久米社長に未来を託した。

しかし、新体制下で「日産マネジメント」を築き上げようと、踏み出したのもつかの間、改革の歩みは止まった。

「プラハの春」。短期間で終息した改革をわれわれはそう呼んだ。一九六八年春から夏にかけて、社会主義国家だったチェコスロバキア（一九九三年にチェコとスロバキアに分離・独立）において、改革派の政治指導者のもと、一連の自由化・民主化政策がとられた。しかし、八月にソ連（当時）・東欧軍の介入により、弾圧された。

もちろん、日産で新たな弾圧が始まったわけではないが、一時は改革の花が開いたものの、急速にしぼんだ様はプラハの春そのものだった。

ただ一つの救いは、組合員たちも、工場の部課長たちも、打倒塩路体制の一連の〝戦いの嵐〟を経験し、意識が変わったことだった。

ただ、そうして整地された上に新たに棲むことになった本社の上層部は、戦いのさなか、嵐が吹かない上空にいて、汗もかかず、傷つきもしなかった人々で、彼らは何も変わらなかった。自らを変える必要もなかった。結果、会社の体質も変わらなかった。

ともに戦ったメンバーのなかで、ゲリラ部隊として主にマスコミ対策で奮闘した勝田君は、戦後の昭和二三年生まれで、一つ世代が若かったこともあってか、戦いが終わったあとに日産をどう改革していくかに強い関心をもち、われわれの活動とは別に、同世代で検討会などを続けていた。しかし、そうした改革派の若手の声は上層部には届かなかった。

もし、久米社長にも組織戦に加わってもらっていたら、状況は変わったのだろうか。

それはわからない。ただ、はっきりいえるのは、戦いがなく、塩路体制がそのまま続いていたら、日産の経営は漂流を続け、他社に次々と抜かれて早晩、行き詰まり、重篤な局面に迎えただろうということだった。

3 論功行賞を求めなかったメンバーたち

みんな日産を離れていった

論功行賞を求めなかったメンバーたちは、その後、それぞれの道を歩んだ。

安達さんは、塩路一郎が退任する二カ月前、人事部次長に昇格した。当時、販売会社への支援のための出向は工場の係長だけでなく、部課長も対象となった。そこで、安達さんは、「人事部次長の自分が行けば、みんなも納得するだろう」と自ら手をあげ、神奈川県の販売会社へ一年半出向した。

その後、技術開発拠点である日産テクニカルセンターの総務部長、生産管理部長を歴任。準役員的な職位である参事となり、誰もが「次は役員昇進間違いなし」と思っていた。有能でかつ、ものごとの筋を通す安達さんは、逆に上層部によって遠ざけられ、モビリティーパークという傍系企業の再建役として出された。

興銀が伊豆高原にゴルフ場用地として買収を始めたものの、うまくいかないまま、日産が引き取ることになり、そこに四輪駆動車用のオフロードコースをつくったのがモビリティーパークで、赤字を垂れ流していた。

安達さんは、モビリティーパークをＮＩＳＭＯ（ニッサン・モータースポーツ・インターナショナル）というモータースポーツ事業を展開する子会社と合併させ、五三歳でＮＩＳＭＯの社長に就任した。安達さんは若いときから、「いつかは日産を背負って立つ人」といわれていた逸材だった。

吉村さんは、横浜工場での戦いが終わった翌年から九州工場でエンジン車軸の製造部長を務めたあと、村山工場でフォークリフトの生産部長、さらに本社に移ってフォークリフト事業全体の事業部長となった。フォークリフト事業も膨大な赤字で苦しんでいたが、四年半で一〇〇億円の累積損失を解消し、一二三億円の利益を出すまでに再生させた。

その間、赤字を垂れ流すだけの米国子会社の米国人社長を解雇しない担当常務を、格下の事業部長の身でありながら、「なんで解雇できないんだ」と人前で怒鳴りつけるなど、相変わらず蛮勇ぶりを発揮した。当然、上層部には煙たがられる。

安達さんと同様、参事にはなったが、五二歳で企業内間接業務のサービスサポート会社の常務取締役へと転籍となった。会社の規模からして、日産で参事になった人間の出向先としてはけっしてふさわしいとはいえなかった。

独身寮時代から、コンビを組んで労組と対峙した安達さん、吉村さんのような筋金入りの活動家は、新体制下では疎んじられ、できるだけ日産本体から離れた辺境に追いやられる。戦いに参加しなかった上層部が考えそうな人事だった。

日産を離れるとき、吉村さんは相談役に退いた石原さんから「会いたい」との申し出を受けている。一九九二（平成四）年のことで、久米社長は会長職に就き、辻義文社長に替わっていた。久しぶりに再会した吉村さんは、例によって直截に質問をぶつけた。

「この会社は五年後にダメになると、自分は読んでいます。本当に大変なことになりますよ。石原さんはそれをご存知ですか。いまの体制のままではダメです。前に出て、もうひと働きしてはいただけませんか」

「君の気持ちはわかった。でも、いまさら前に出ることもできないから」

と石原さんは答えたという。最後に「なんで、そういう連中がこの会社に出てこないのかね」とぽろっとつぶやいたそうだが、「その先はわたしの仕事ではありません」と、吉村さんは席を立った。そう、われわれの仕事はすでに終わっていた。

石渡さんは、広報室から東京通信ネットワーク（当時）という東京電力、三菱商事、三井物産、日産の四社が設立した、企業向けの専用線サービスなどを手がける通信事業会社に出向した。次いで、わたしと同じ企画室に戻り、部内に設置されていた事業開発室を閉じる仕事をこなしたあと、関連会社の日産不動産へ五二歳で転籍となった。

着任後まもなくして親会社の日産はルノーの資本参加を受け入れることになった。それまでの日産不動産の事業は一般の不動産会社に近いものだったが、これを機に仕事の内容が一変する。

日産の新たな指揮官カルロス・ゴーンの打ち出したリバイバル・プランの利益改善策は、多くの部分がグループの所有する不動産のなかの総額八〇〇〇億円にも上る遊休物件の売却益に依存していたからだ。

カルロス・ゴーン（1954〜）。日産復活のリーダーだったが2018年衝撃の解任。

リバイバル・プランを成功させるため、毎日毎日、社有不動産の切り売り作業に追われた石渡さんの胸に去来した疑問は次のようなものだった。

なぜ、前の経営者たちは遊休不動産の売却をやろうとしなかったのか。もし、売却を決断していれば、六四三〇億円のルノーからの援助（資本参加）に頼らずにすんだのではないか。

この疑問への答えとして、当時、石渡さんはこんなたとえをしていた。

領地をたくさんもっているが、ひどく困窮している貴族がいた。領地から上がってくる利益はわずかにもかかわらず、貴族であるがゆえに領地を手放すことができず、もち続けた。そして、最後は餓死してしまった。餓死した貴族が日産であった。

日産の経営者たちは、その貴族と同じように、やるべきことをやらなかった。そして、ルノーから来たゴーンが、それをやってのけたのだった。

不動産をどんどん処分していったために、管理すべき物件がなくなり、石渡さんが退職してまもなく、日産不動産は実質的にその役割を終えた。


脇本君は、村山工場生産課長から営業部門へ異動になって、五〜六年後に、四八歳でディーラーに出向になり、以降、日産プリンス名古屋、日産サニー福岡、愛知日産、日産プリンス千葉と、一七年間で四つの販売会社の経営を立て直した。

その後、東大時代の同級生に頼まれ、静岡県の有力企業グループの商事部門の会社の社長を務めた。

勝田君は、広報室の前は八年間、国内営業にいたため古巣へ戻り、販売促進部、ついで近畿中四国営業部に勤務。いったん、名古屋のディーラーへ営業担当役員として出て、域内の販売会社三社の統合プロジェクトを幾多の抵抗を排してとりまとめた。日産に戻り、部品事業部を経て、再び山梨県の地場のディーラーへ出た。社長が倒れて、別会社に勤めていた子息が急きょ跡を継ぐことになったので、そのサポート役を務めた。

再度日産に戻ると、ルノーとの資本提携により、手始めの役職として最高執行責任者（ＣＯＯ）に就任したゴーン直属部署で、日産という会社の品質をあらゆる面で高める仕事を部長職として託され、ミッションを推進した。

その後、経営が悪化した地方の系列会社の処理を託され、さらに、京都の販売会社二社の合併をなし遂げた。実力を遺憾なく発揮した勝田君だが、最後は経営的に安定していた熊本の販売会社の社長職でソフトランディングした。

勝田君はメンバーのなかで、ただ一人、本社で直接ゴーンに仕え、「ゴーン前とゴーン後」を経験した。ゴーン前には、日産から出てディーラーの社長になった人間は、運転手付きの社用車で移動し、交際費も使い放題で、地元の名士として振る舞った。そのため、多くのディーラーが赤字体質から抜け出せなかった。

ゴーン後は、車は自分で運転し、交際費もほとんど使わず、自らの与えられたミッションとタスクを自覚し、社員のために尽くすようになったという。

勝田君が日産本社に戻ったのは、ゴーン革命が効果をあげていた時期であり、ゴーン統治による「負の側面」があらわれるようになるのは、ずっとあとのことになる。

南アフリカ・ヨハネスブルグへ

わたしは、その後、どんな人生を歩んだのか。
久米社長に遠ざけられたわたしは、企画室から電子技術本部電子技術企画室に部長待遇で移った。そして、中近東アフリカ事業本部部長を経て、一九九五（平成七）年、五三歳で南アフリカのヨハネスブルグ事務所長になり、家族とともに二年半、現地に赴任した。日産は、一九六〇年代初頭に、南アフリカに進出していた。これは台湾に次ぐ二番目の海外進出だった。

南アフリカは、一九世紀に入ってからゴールドラッシュにわき立ち、世界有数の金生産地として、戦前は一時期、「世界でもっとも豊かな国」ともいわれた。戦後は国力は衰えたが、それでもアフリカのなかではもっとも豊かな地域だった。そこに日産は、現地資本のもと、従業員三六〇〇名の規模の工場と販売会社を設立し、指導・運営を担っていた。

「川勝は南アフリカに飛ばされた」と社内の多くの人は考えたようだが、わたしはそうは思わなかった。二年半という短い期間だったが、異国の地で、それまでできなかった家族との密な時間を過ごすことができたからだ。広い南ア国内を車を駆って家族旅行にもしばしば出かけた。それは、日本ではなかなかかなわないことだった。

わたしは参事にはならなかった。それを不可解に思った安達さんが企画室長の塙取締役（当時）に、

「川勝がいたから労使関係が正常化できたのではないか」と詰め寄ったようだが、論功行賞を求めないのがわれわれの誓いだった。

日産では当時、社員が一定の年齢になると、販売会社や部品メーカーなど、会社側が次の職場さがしに動いてくれるのが通例だったが、わたしの場合、それがなかった。販売担当の役員も、部品担当の役員も、「塩路ヒットマン」というイメージのついたわたしを煙たがった。

メンバーのなかでただ一人役員になった生産部門のK・Kさんが人事にかけ合ってくれた結果、京都にある日産系ディーラーのサービスマンを養成する整備専門学校の副校長のポストが示された。それは本社でいえば、課長クラスのポストだった。

そんなとき、K・Kさんに紹介されたのが、日本電産だった。精密小型モーターの開発・製造において世界一のシェアを誇る。積極的なM&A（合併・買収）により、規模を拡大していた。

ヨハネスブルグから京都に出て来て、創業者で社長（当時）の永守重信さんによる面接を受けた。二時間くらいの面接は永守さんがずっとしゃべっておられたが、最後にわたしが「日本電産がここまで成長している理由はなんですか」とたずねると、永守さんは会社紹介のパンフレットをとり出した。

「うちはこれや。これしかないんや」と指さす。そこには「すぐやる、必ずやる、出来るまでやる」とわずか一五文字の言葉が書かれてあった。

日産にいちばん欠けていて、探し求めていたものがここにはある。「これだ！」頭のなかにビビッと電気のようなものが走った。この会社に第二の人生を託そうと決断した瞬間だった。

わたしは一九九七（平成九）年、三〇年間勤めた日産を五五歳で退社し、日本電産に入社した。

その後、日本電産で身につけた経営のスキルをもとに、独立してコンサルタント業を始め、いまにいたっている。

4 あの戦いはどんな意味をもったのか

人生の作品

「われわれが間違ったのは、あの改革で動いてくれた君たちをきちんと処遇しなかったことだ」

細川副社長（専務から昇進）に、そういわれたのは、いつのころだろうか。

石原さんも前述の幻の原稿のなかで、「K君たち正義感の強い社員に人事面で十分に報いられなかったことも、心残りだ」と綴っていた。

ただ、われわれは、社員たちの目に自分たちの活動が見えるように公然と動いたわけではなく、徹底して秘密裏に動いた。そのわれわれが人事で優遇されれば、何も知らない社員から見て、お手盛り人事に映っただろうし、仮にわれわれの活動について知ったとしても、しょせん出世が目当てだったととらえられていたかもしれない。

一社員に戻ったことは間違いではなかった。

では、あの戦いはどんな意味をもったのだろうか。

日産という組織のなかで跳梁跋扈《ちょうりょうばっこ》した塩路一郎は去り、会社側は労組との事前協議制のくびきから解き放たれ、人事権、管理権をとり戻した。その意味では戦いは成功した。

しかし、労使関係を正常化させ、整地した上に、創造性と効率性を追求する日産ならではの経営の骨格をつくり上げていくことはできなかった。

戦いを経験しなかった新体制の経営陣は、古い体質を引きずったままで、本質的な目的は達成できなかったという点では、何も変わらなかった。

挫折感。日産を辞めるとき、わたしのなかで挫折感がなかったといえば、うそになる。

ただ、いま振り返ってみると、あの戦いには意味があったと断言できる。

もし、塩路一郎が強大な権力を握ったまま、経営を壟断し続けていたら、日産はもっと早い段階で重大な局面を迎えていただろう。久米、辻、塙という戦わない経営者のもとでは、特異な労使関係は温存された可能性が高いので、生産性でも、開発力でも他社に圧倒的な後れをとり、早晩、激しいグローバル競争のなかでは、淘汰されていただろう。

もう一つ、生き方の問題だ。

「労組とはうまくやっていけばいい」という、長いものには巻かれろの意識が当時は蔓延し、根づいていた。そのままでいたら、日産という会社はどうなってしまったか。

ある社員の人生が、一人の男の権力欲によって踏みにじられてしまう理不尽さ。多くの善良な社員たちの努力が実を結ばず、会社の未来が奪われていく絶望。現実に目を向けると、やはり、戦うしかなかった。

繰り返すが、それは愛社精神からではなく、自分の生き方にかかわることだった。

日産という会社のなかで、自分はどう生きるか。社内で正義に反することが行われていれば、逃げずにそれと立ち向かい戦うことは、サラリーマンであっても、人の生き方として正当化される。戦った人間の生き方の価値は誰にも否定できない。

その意味で、わたしはあの戦いを通じ、日産という会社のなかで、自分なりに「人生の作品」をつくることができたと思っている。

それは経営の正常化を目指したとはいえ、一人の人間を追い落とすものであったから、けっして、大声で自慢すべき作品ではないかもしれない。それでも、あの戦いはわたしにとって人生の作品だった。

それはほかのメンバーにとっても、同じだったように思う。

安達さんは、人事のプロとして労使関係の正常化をなし遂げたことについて、「個人史の一ページとして、やるだけのことはやった」という自負があるという。

吉村さんも、一時は「戦いをやめてほしい」と懇願された妻から、「あなたはやりたいようにやり、生きたいように生きたのだから幸せな人生だったと思う」といわれ、そのことを語るたびに目を潤ませる。

会社組織の場合、人生の作品は自分一人ではつくることはできない。一人ひとりの思いが共鳴し合うなかで紡がれていく。

あの戦いも、最初は徒手空拳の無名の一課長の義憤から始まった。そのままでは強大な権力者に歯が立つはずもなかった。一人に声をかけ、また一人に声をかけ、仲間を増やしていった。一人ひとりの力は蟻のように小さくても、集まれば巨象も倒せる。そのドラマが人生の作品となった。

われわれの戦いはもう、三〇年以上前の話だ。しかし、いまも日本の企業社会では、かたちこそ違え、不正義が絶えない。そのことを知り、疑問や憤りを感じている人々も少なからずいることだろう。

わたしは直接、手を貸すことはできない。しかし、われわれの七年におよぶ戦いの軌跡は、それらの人々に勇気と闘志の火を灯すことができるかもしれない。

一介の無名の一課長でも立てる。

そのことは確信をもっていえる。

おわりに

只だ一燈を頼め

日産を退社して、新天地の日本電産に入社し、買収先の企業の再建のため、福井県小浜市に赴任したときのことだ。わたしは、一枚のネームプレートを持ってきていた。

そこには、「塩路一郎」の名前が刻まれていた。

「これは、川勝さんがもっていてください」。塩路一郎が日産を離れたとき、残務整理を行った人事の担当者から渡されたもので、佐島マリーナのロビーの壁のオーナー名掲示板にかけられていた小さな名札だった。

人事部でも処分に困ったのだろう。受けとるとすれば、わたししかいない。ただ、わたしもどう扱えばいいか、決めあぐねたまま、一〇年以上、ずっと、もち続けていた。

捨てるわけにはいかない。塩路一郎にとって、ヨットは自分の手でつかんだステータスの象徴であり、ネームプレートには、魂のようなものがこもっているように思えた。

ならば、塩路一郎がこよなく愛した海に帰してやってはどうだろう。

小浜は若狭湾に面している。海辺には、笹が生えていた。わたしは笹舟をつくり、小さなろうそくに火を灯して立て、名札をのせて、波間に送り出した。

笹舟は、沖に向かって進んだかと思うと、波に押し返され、戻ってくる。それを幾度か繰り返しているうちに、やがて夕闇迫る波間に消えていった。

さようなら、塩路一郎……。

心で唱えた。

これでやっとわたしのなかで塩路一郎が消えた。

翌一九九九（平成一一）年、日産はルノーの資本を受け入れた。

それから二〇年近い歳月が過ぎ、この本を執筆するため、ともに戦ったメンバーたちが集まった。そこで、わたしは当時、知らなかった事実を知らされた。

安達さんがいっていた。

「先日、ぼくが勤労課長時代の部下だった男女が集まり、楽しい時間を過ごした。当時、ぼくには黙っていわなかったことが、みんなからいろいろ出てきた。課長のぼくに心配をかけたくない、組合対策で前面に出ているぼくの手を緩めてほしくない、という気持ちからだったようだ。部下のなかには、勤労課に来る前、工場にいたとき、労使関係正常化のために奮闘していたものもいた。初めのころは、会社側が本当に勝てるかわからなかったから、ある人は、奥さんに『もし、会社側が負けたら、オレは会社を辞めなければならない。そのときは、家を売るかもしれないから覚悟してくれ』と話し、また、ある人は、『もし、戦いに負けて、会社を追い出されたときは田舎に帰って別の仕事の口でも探すからね』と家族に話していたそうだ。今回、初めて知ったけれど、みんな自らの判断で、クビを覚悟で動いていたんだ」

日産で人生をかけて戦ったのは、ゲリラ戦を繰り広げた八名の仲間、組織戦を進めた七名のメンバーだけでなく、会社の隅々で、名も知らぬ社員たちが懸命の戦いをしていた。だから、塩路一郎を倒すことができた。

わたしは幕末の儒学者で、西郷隆盛をはじめ、維新の志士に思想的な影響を与えた佐藤一斎の次の言葉が好きだ。

一燈《いっとう》を提《さ》げて暗夜《あんや》を行く
暗夜を憂うること勿《なか》れ
只《た》だ一燈を頼め

自分が決心した道を進むとき、前が見えないことに不安を感じる必要はない。
無理解、嘲笑、批判……さまざまな困難に出あうかもしれないが、迷うこともない。
強い思い、それだけを胸に抱いて進む。それが自分にとっての大事な一燈となる。

われわれも、只だ一燈を頼んで、戦い抜いた。

誰もが心に一燈を灯すことができる。

只だ一燈を頼め

最後に、この言葉を贈り、ペンを擱《お》く。

二〇一八年一二月

川勝宣昭

川勝宣昭（Noriaki Kawakatsu）
日産自動車にて、生産、広報、全社経営企画、更には技術開発企画から海外営業、現地法人経営者という幅広いキャリアを積んだ後、急成長企業の日本電産にスカウト移籍。同社取締役（M&A担当）を経て、カリスマ経営者・永守重信氏の直接指導のもと、日本電産グループ会社の再建に従事。「スピードと徹底」経営の実践導入で破綻寸前企業の1年以内の急速浮上（売上倍増）と黒字化を達成。著書にベストセラーとなった『日本電産永守重信社長からのファクス42枚』（小社刊）、『日本電産流「V字回復経営」の教科書』（東洋経済新報社）がある。

日産自動車極秘ファイル2300枚
「絶対的権力者」と戦ったある課長の死闘7年間

2018年12月24日　第1刷発行

著者　川勝宣昭
発行者　長坂嘉昭
発行所　株式会社プレジデント社
〒102－8641
東京都千代田区平河町2-16-1
平河町森タワー13階
http://president.jp
http://str.president.co.jp/str/
電話　編集（03）3237－3732
販売（03）3237－3731

構成　勝見 明
装丁　岡 孝治
ファイル撮影　石橋素幸
人物写真　時事通信フォト
編集　桂木栄一
制作　関 結香
販売　高橋徹　川井田美景　森田巌　末吉秀樹
印刷・製本　凸版印刷株式会社

ISBN978-4-8334-2303-8
Printed in japan